高等职业院校计算机类专业"十三五"规划教材

中文 Flash CS6 案例教程

黄晓乾　匡成宝　刘当立　主　编

陈贻品　刘家乐　李　敏　副主编

吕红飞　主　审

中国铁道出版社有限公司

CHINA RAILWAY PUBLISHING HOUSE CO., LTD.

内 容 简 介

本书结合案例，深入浅出地讲解了中文版 Flash CS6 的各项功能及其操作技巧。内容包括 Flash CS6 概述、Flash CS6 的基础知识、Flash CS6 动画制作基础、创建文本和导入外部对象、Flash CS6 基本动画制作、Flash CS6 高级动画制作、Flash CS6 的常用组件及其使用、ActionScript 高级编程应用、综合应用案例等。

本书适合作为高职院校计算机相关专业的教材，适用于中文版 Flash CS6 的初、中级读者，还可以作为想从事动画片制作行业的自学者的学习用书。

图书在版编目（CIP）数据

中文 Flash CS6 案例教程/黄晓乾，匡成宝，刘当立
主编 . —北京：中国铁道出版社有限公司，2019. 5（2024. 1 重印）
高等职业院校计算机类专业"十三五"规划教材
ISBN 978 - 7 - 113 - 25356 - 1

Ⅰ. ①中⋯　Ⅱ. ①黄⋯　②匡⋯③刘⋯　Ⅲ. ①动画
制作软件 - 高等职业教育 - 教材　Ⅳ. ①TP391. 414

中国版本图书馆 CIP 数据核字（2019）第 059124 号

书　　名：**中文 Flash CS6 案例教程**
作　　者：黄晓乾　匡成宝　刘当立

策　　划：祁　云　刘梦珂　　　　　编辑部电话：(010) 63549458
责任编辑：祁　云　卢　笛
封面设计：白　雪
封面制作：刘　颖
责任校对：张玉华
责任印制：樊启鹏

出版发行：中国铁道出版社有限公司（100054，北京市西城区右安门西街 8 号）
网　　址：http://www.tdpress.com/51eds/
印　　刷：北京铭成印刷有限公司
版　　次：2019 年 5 月第 1 版　2024 年 1 月第 3 次印刷
开　　本：787 mm×1 092 mm　1/16　印张：14.5　字数：329 千
书　　号：ISBN 978 - 7 - 113 - 25356 - 1
定　　价：39.80 元

前言

Flash 具有操作简单、易学易用、浏览速度快等特点。Flash 能够制作出高品质的动态效果并实现超链接，其输出后的文件容量很小，便于网上发布和浏览。另外，Flash 自带的强大的编程功能使其除了在网页制作中使用之外还具有更加广阔的应用领域。对于大众，它带来的是一种视觉和理念的冲击；对于商家，它带来的是方便的宣传和交互能力；对于未来，它将带来更大的希望……

Flash CS6 是 Adobe 公司推出的一款矢量动画制作和多媒体设计软件，广泛应用于动画制作、网站设计、游戏设计、MTV 制作、电子贺卡制作、多媒体课件制作等领域。

本书以培养职业能力为核心，采用案例式教学，所有教学案例都经过了精挑细选，非常有代表性。本书通过循序渐进的方式介绍了 Flash CS6 的各种基础知识和操作，以及 Flash 中各种动画的创建方法和技巧。全书共分 9 章，主要包括 Flash CS6 概述、Flash CS6 基础知识、Flash CS6 动画制作基础、创建文本和导入外部对象、Flash CS6 基本动画制作、Flash CS6 高级动画制作、常用组件及其使用、ActionScript 高级编程应用、综合应用案例等。尤其是在综合应用案例中集中讲解了广告的设计与制作、片头动画的设计与制作、多媒体课件的开发与制作。本书的配套资源可从中国铁道出版社有限公司网站（http://www. tdpress. com/51eds/）的下载区下载。

本书由黄晓乾、匡成宝、刘当立任主编，陈贻品、刘家乐、李敏任副主编。全书由吕红飞主审。第 1 章由李敏编写；第 2 章和第 9 章由黄晓乾编写；第 3 章和第 8 章由匡成宝编写；第 4 章由陈贻品编写；第 5 章由刘家乐编写；第 6 章和第 7 章由刘当立编写。参与编写工作的还有：申圣兵、曾慧敏、何海燕、张亚娟、曾嵘娟、王宏波、刘静、熊浪。

在编写过程中，编者虽然未敢稍有疏虞，但疏漏之处在所难免，恳请广大读者批评指正，以便修订使之更加完善。编者 E-mail：orange_678@ sina. com。

编　者

2018 年 12 月

CONTENTS

目录

第1章 Flash CS6概述

在科技迅速发展的今天，静止的图像已经无法满足人们的视觉需求，动画已经逐渐成为人们生活、娱乐、商业宣传的主要途径。Flash 以其强大的交互功能和人性化风格，吸引了越来越多的受众，并且其应用领域越来越广泛。

要想得心应手地用 Flash 软件制作 Flash 动画，首先要全面掌握它的基础知识，本章主要介绍 Flash CS6 的基础知识，这些知识在以后章节的学习中都会用到。本章主要内容包括：

（1）Flash CS6 简介。

（2）Flash CS6 的启动和退出。

（3）Flash CS6 的工作界面。

（4）Flash CS6 面板的管理。

（5）Flash CS6 影片的基本操作。

1.1　Flash CS6 简介

Flash 是美国 Adobe 公司推出的世界主流多媒体网络交互动画工具软件。该软件的优势在于基于矢量动画的制作，并且生成的交互式动画适合网络传播。

1.1.1　Flash 的特点

Flash 的特点也是其不同于其他二维动画制作软件及网页设计制作软件的优点。

在使用方面，Flash 的最大特点有：

（1）简单易学。它的工具、菜单、命令简明易懂，动画的生成也不需要特别的技巧。初学者只要懂得计算机普通操作，就可以用它开发出满意的动画。

（2）强大的编程能力。没有哪一个非编程软件有 Flash 这样强大的编程功能，它已像其他编程语言一样有自己的语法和功能体系，可以独立实现一些功能。

（3）使用矢量图形。计算机的图形显示方式有矢量和位图两种方式。与位图图形不同的是，矢量图形可以任意缩放尺寸、改变颜色而不影响图形的质量。

（4）使用流式播放技术。流式播放技术使得音频和视频文件按照"流"的方式进行传输，可以边播放边下载，从而使网页的浏览更加快速。

（5）所生成的动画文件非常小。网页上一般的标题小动画只有几千字节，但效果却十分生动、精彩，而且还突破了网络带宽的限制，可以在网络上快速地播放动画，实现动画交互。

（6）支持多媒体。Flash 可将音乐、动画、声效融合在一起，使网页更加丰富多彩。

（7）交互功能。交互功能是网页中不可缺少的重要功能，Flash 的按钮、图案、文字等都提供了交互功能，可实现超链接。

1.1.2　Flash 的应用

Flash 的应用领域很广泛，主要包括以下方面：

（1）广告宣传片制作：可以制作各类广告、宣传以及产品演示等。

（2）游戏制作：利用 ActionScript 语句编制程序，再配合 Flash 强大的交互功能来制作一些游戏。

（3）多媒体课件制作：制作教学课件或教学软件，现在已经被越来越多的教师和学生使用。

（4）网站建设：用 Flash 制作网页或开发网站。

（5）网络动画制作：由于 Flash 作品容易在网络上传播，常用来制作网页动画、MTV 或电子贺卡等。

（6）手机动画制作：Flash 对矢量图、声音和视频等有良好的支持，因而用 Flash 制作手机动画非常流行。

1.2　中文版 Flash CS6 的启动和退出

1.2.1　中文版 Flash CS6 的启动

Flash CS6 在安装完毕后会自动在桌面上出现 Flash CS6 的快捷方式，如图 1-1所示。

图 1-1　Flash CS6 快捷方式

双击该快捷方式就可以启动 Flash CS6。

也可以通过选择"开始"→"所有程序"→"Adobe Flash Professional CS6"命令来启动 Flash CS6。

1.2.2　中文版 Flash CS6 的退出

在窗口中选择"文件"→"退出"命令，或者按快捷键【Ctrl+Q】，或者单击标题栏右侧的"关闭"按钮，都可以退出中文版 Flash CS6 应用程序。

1.3　Flash CS6 的工作界面

在启动 Flash CS6 之后即出现 Flash CS6 的操作界面，如图 1-2 所示。

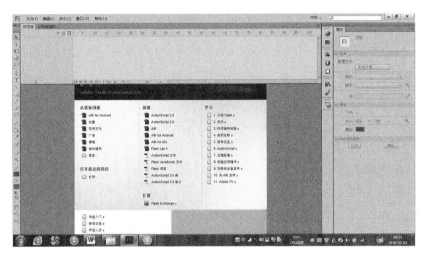

图 1-2　Flash CS6 操作界面

开始界面中显示应用程序栏、菜单栏、工作区切换器、帮助搜索、工具箱、时间轴、各项面板和一个"初始界面"。

当新建一个文件后，操作界面如图 1-3 所示。

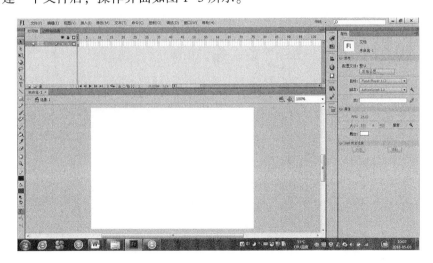

图 1-3　Flash CS6 新建文件后的操作界面

1.3.1 应用程序栏

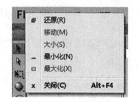

图 1-4　系统菜单

应用程序栏显示当前软件的名称。右击带有 **Fl** 字样的图标，可以打开系统菜单，如图 1-4所示，菜单中的命令等同于操作系统对特定程序进行的操作。

1.3.2 菜单栏

Flash CS6 的菜单栏如图 1-5 所示，其中共有 11 个菜单，分别是文件、编辑、视图、插入、修改、文本、命令、控制、调试、窗口、帮助。

| 文件(F) 编辑(E) 视图(V) 插入(I) 修改(M) 文本(T) 命令(C) 控制(O) 调试(D) 窗口(W) 帮助(H) |

图 1-5　菜单栏

各组菜单功能介绍如下：

（1）"文件"菜单：用于对文档进行操作和管理，如新建、打开、保存、关闭、导入、导出、发布和页面设置等。

（2）"编辑"菜单：主要用于进行动画制作过程中的一些基本编辑操作。

（3）"视图"菜单：用于控制屏幕显示，如缩放、显示标尺等辅助功能。

（4）"插入"菜单：用于插入对象，如插入元件、图层、帧和场景等。

（5）"修改"菜单：用于修改动画中各种对象的属性，如位图、元件、时间轴、形状和组合等。

（6）"文本"菜单：用于处理文本对象，如字体、字号、样式检查拼写等命令。

（7）"命令"菜单：主要用于提供命令的功能集成，使用户可以添加不同的命令。

（8）"控制"菜单：主要用于 Flash 影片的播放和控制操作。

（9）"调试"菜单：用于测试影片效果，调试脚本语句，对整个播放过程进行调整。

（10）"窗口"菜单：当前界面形式和形状的总控制器，提供了所有工具栏、编辑窗口和功能面板。

（11）"帮助"菜单：帮助用户了解 Flash CS6 的入门和新增功能等信息。

图 1-6　工作区切换器

1.3.3 工作区切换器

工作区切换器如图 1-6 所示，它提供了多种工作组模式供用户选择，以更改 Flash 中各种面板的位置、显示或隐藏方式。

Flash 提供了 7 种预置的工作区模式供用户选择，包括动画、传统、调试、设计人员、开发人员、基本功能和小屏幕等，适用于不同的需求。

1.3.4　帮助搜索

工作区切换器右侧是 Flash 的帮助搜索文本框，如图 1-7 所示。用户可以在该文本框中输入文本，然后单击左侧的搜索按钮🔍，在 Adobe 在线帮助或本地帮助中搜索包含这些文本的页面。

图 1-7　帮助搜索文本框

1.3.5　工具箱

工具箱提供了图形绘制和编辑的各种工具。单击工具图标右下角的按钮，将会弹出其他隐藏工具。工具箱从上到下分为 4 个部分："绘图"工具栏、"查看"工具栏、"颜色"工具栏和"选项"工具栏，如图 1-8 所示。

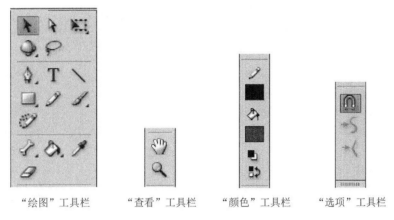

　　"绘图"工具栏　　　"查看"工具栏　　"颜色"工具栏　　"选项"工具栏

图 1-8　工具箱

1.3.6　时间轴

时间轴预设的位置在工作区的上方，标准工具栏的下方，其位置和大小可以随意调整。时间轴用于控制动画的进展，内有时间标尺以及代表帧格的小方格，这些按照标尺顺序所排列的小方格也就是设计动画时的画面。

时间轴如图 1-9 所示。根据操作功能的不同，可以将时间轴分为图层控制区和时间轴控制区。在时间轴的左侧区域，主要进行图层操作，称为图层控制区。用户可通过一些功能按钮对图层进行多种操作，比如新增图层、删除图层、调整图层顺序、设置图层的可见性等。在时间轴的右侧区域，主要由一些序列、信息栏、工具按钮组成，称为时间轴控制区，可定义到动画中的任何一帧进行编辑。在时间轴窗口中有一条红色的标记线，称为播放磁头，它可以在时间轴中任意移动以显示当前帧。单击时间轴中的帧格或拖动播放磁头，时间轴中的某一帧就被定位了。

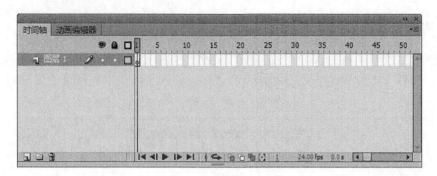

图 1-9　时间轴

1.3.7　工作区

动画内容编辑的整个区域称为场景，如图 1-10 所示。用户可以在整个场景内绘制和编辑动画。场景中间白色的矩形区域称为工作区。在工作区中可以显示、浏览、编辑、制作动画元件，还可以添加一些辅助操作工具，如标尺、网格等。

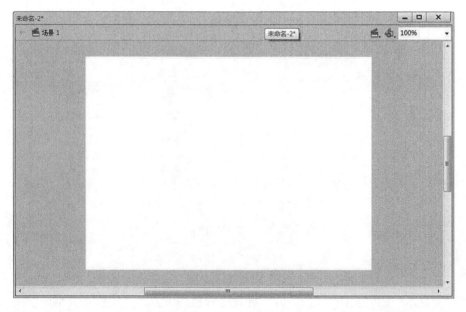

图 1-10　工作区

在 Flash CS6 的"基本功能"工作区中，"属性"面板是默认显示在窗口右侧的。

当选中舞台和时间轴中的对象时，"属性"面板就会显示该对象的常用属性，并允许用户对属性进行修改。对象不同，"属性"面板的内容也不同。当用户没有选中对象时，则显示动画文档的属性和发布情况，如图 1-11 所示。

除了工作区默认显示的"属性"面板以外，下面再介绍其他一些常用面板。

（1）"库"面板："库"面板用来组织、编辑和管理动画中所使用的元素。当建立元件时，"库"面板显示该元件的属性，并可以进行修改，如图 1-12 所示。

图 1-11　"属性"面板

图 1-12　"库"面板

（2）"颜色"面板："颜色"面板的作用是给图形或线条填充颜色，可以设置颜色的 RGB 值和填充类型等，如图 1-13 所示。

（3）"样本"面板："样本"面板用于选择一种填充颜色，并能够对各种颜色样本进行复制、删除和添加等编辑操作，如图 1-14 所示。

图 1-13　"颜色"面板

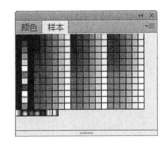

图 1-14　"样本"面板

（4）"对齐"面板："对齐"面板的作用是对多个对象进行操作，控制各个对象的对齐方式、分布方式、匹配大小和间隔等，如图 1-15 所示。

（5）"信息"面板："信息"面板可以精确调整选取对象的宽度、高度和位置，如图 1-16所示。

（6）"变形"面板："变形"面板是对选取的对象进行各种变形操作，包括缩放、旋转、倾斜、3D 旋转和 3D 中心点的设置，还可以将变形的对象进行复制操作等，如图 1-17 所示。

图 1-15　"对齐"面板　　　　图 1-16　"信息"面板　　　　图 1-17　"变形"面板

（7）"动作"面板："动作"面板主要用于编辑各种脚本语句，如图 1-18 所示。

图 1-18　"动作"面板

1.4　Flash CS6 面板的管理

在 Flash CS6 中可以打开和移动面板，关闭面板组中不需要的子面板，将面板折叠为图标，以及组合和拆分面板组等操作。

1. 打开和关闭面板组

对于工作区中没有显示或者关闭后的面板，可以选择"窗口"菜单中的相应命令，将其打开。

如果不想在工作区中显示这些面板，可以单击面板右侧的 ✖ 按钮或者右上角的面板菜单图标 ▤ ，关闭该面板。也可以在面板标题栏上右击，在弹出的快捷菜单中选择"关闭"命令，面板就会立即从界面上消失，如图 1-19 所示。

2. 关闭面板组中的子面板

如果是拥有多个子面板的面板组，可以在面板标题栏上右击，在弹出的快捷菜单中选择"关闭"命令，将该子面板关闭，其他面板保留。例如，关闭面板组中的"样本"子面板，如图 1-20 所示。

图 1-19　关闭面板

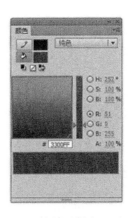
图 1-20　关闭"样本"子面板

3. 切换面板

在面板组中单击某个面板的名称标签，即可显示该子面板。单击不同的面板名称标签可以实现面板间的切换。

4. 移动面板

如果要移动面板，可以使用鼠标拖动该面板的名称标签，然后向目标位置上移动，释放鼠标即可。

如果要移动面板组或堆叠，需要用鼠标拖动面板组的标题栏，然后向目标位置上移动，释放鼠标即可。

5. 组合和拆分面板组

组合和拆分面板组是指将面板组重新调整，如移动或添加某个子面板。使用鼠标选中某个子面板，拖动到其他的面板位置，就可以重新组合面板。例如，将"信息"面板组添加到面板组中，如图 1-21 所示。

6. 将面板折叠为图标以及展开

单击面板组右侧的"折叠为图标"按钮 ◀◀ ，可以将展开的面板收缩为图标；如果单击面板右侧的"展开为图标"按钮 ▶▶ ，可以将折叠为图标的面板都展开，如图 1-22 所示。

图 1-21　面板组合　　　　　　图 1-22　面板折叠后

1.5　Flash CS6 影片的基本操作

1.5.1　影片的新建、打开和保存

1. 影片的新建、打开

在 Flash CS6 中影片的新建与打开可以通过"初始界面"完成，如图 1-23 所示。

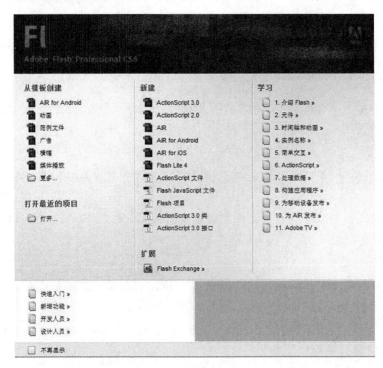

图 1-23　初始界面

2. 影片的保存

在编辑动画文件时需要经常存盘以免因计算机故障或电源原因而丢失正在编辑的文件。如果是新建的文件，选择"文件"→"保存"命令，弹出图 1-24 所示的"另存为"对话框。在"保存在"下拉列表框中选择文件保存的路径；在"保存类型"下拉列表框中选择保存的文件格式；在"文件名"文本框中输入文件名。最后单击"保存"按钮，完成新文件的第一次保存。

如果文件已经保存过，选择"文件"→"保存"命令，将直接保存最近修改的内容。

如果想将已有的文件保存在其他路径下或使用另一个文件名，则选择"文件"→"另存为"命令，弹出"另存为"对话框。

如果想将制作的文件保存为模板以便反复使用，则选择"文件"→"另存为模板"命令，弹出图 1-25 所示的对话框，在这里进行设置模板的名称，选择模板的类型等操作。

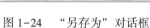
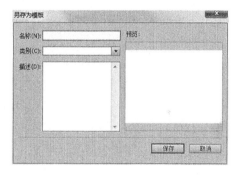

图 1-24　"另存为"对话框　　　　　　图 1-25　"另存为模板"对话框

1.5.2　影片的设定

创建一个新的影片文件后，打开"属性"面板，如图 1-26 所示，根据需要设定当前编辑的影片的画面尺寸、背景色、帧播放速率等属性。

（1）尺寸：默认的尺寸宽度为 550 像素，高度为 400 像素。单击"550×400"按钮，在尺寸的宽度和高度的文本框中输入相应的数值，确定以像素为单位的当前影片画面的尺寸。

（2）舞台：单击"舞台"按钮，弹出调色板，如图 1-27 所示，选择舞台颜色。

（3）帧频：在"帧频"文本框中，输入每秒要显示的动画帧数，通常用 8~12 帧进行播放。

图 1-26　"属性"面板

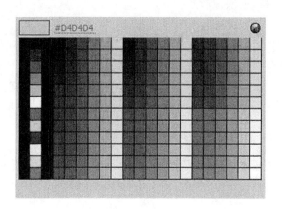

图 1-27　选择舞台颜色

1.5.3　播放影片

在编辑 Flash 文件的过程中随时可以按下【Enter】键或者按下"播放控制器"上的播放按钮直接在工作区中播放动画。但这样的播放效果并不理想，不能整体地看到文件最后生成的效果，"影片剪辑"元件的效果在这种方式上也不能播放出来。

为了能更好地预览影片的效果，可以选择"控制"→"测试场景"命令，如图 1-28 所示。选择"测试场景"命令的播放效果如图 1-29 所示。

图 1-28　选择"测试场景"命令

图 1-29　选择"测试场景"命令的播放效果

1.5.4　影片的发布

如果要对输出的影片进行精细的设置，就需要用到"发布设置"对话框，选择"文件"→"发布设置"命令，如图 1-30 所示，打开"发布设置"对话框，如图 1-31 所示。在对话框中完成所需的设置后，只需单击"发布"按钮，就可以将 Flash 影片发布为制定格式的文件。

如果想要发布成为其他格式的文件，可以在对话框左侧的"发布"选项组和"其他格式"选项组中启用该格式的复选框，此时对话框的右侧将显示该格式的相关属性。

图 1-30　选择"发布设置"命令

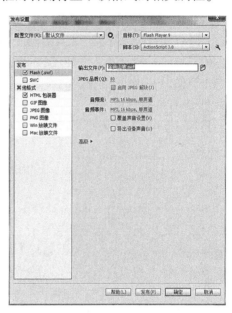

图 1-31　　"发布设置"对话框

小　　结

本章介绍了 Flash 的特点、应用、新增功能，软件的启动、退出，软件的工作界面、面板管理及 Flash 影片的基本操作。熟练掌握 Flash CS6 的基本操作是以后使用 Flash CS6 制作各种作品的必经过程，对每一个初学者都是非常重要的，这些基础知识也要在今后的学习和实际操作中不断地熟悉和掌握。

实　战　演　练

（1）简述 Flash CS6 操作界面的组成部分。

（2）新建一个 Flash 文档，保存并命名为"第一个动画作品"。

第 **2** 章　Flash CS6基础知识

在使用 Flash CS6 制作动画之前各种素材的准备是十分重要的，各种动画效果都是在素材的基础上进行编辑的，在以后的动画制作过程中也要养成在制作之前总体构思，准备好所需的各种素材的习惯。本章介绍 Flash CS6 的图形对象和位图对象的制作过程和导入方式。重点介绍使用 Flash CS6 提供的图形绘制工具绘制图形对象。本章内容包括：

（1）Flash CS6 的对象。

（2）Flash CS6 绘图工具的使用。

2.1　Flash CS6 的对象

Flash CS6 提供了多种供编辑的对象，主要有图形对象、位图对象、文字对象、声音对象、视频对象。其中图形对象最为重要，它需要使用 Flash CS6 提供的绘图工具绘制。

图形和位图是 Flash CS6 对象中的两个基本概念，也是利用计算机处理图案时经常涉及的表示图像的两种方式。这里的图形即矢量图，它是使用一组线段、造型来描述一副图像，并用数字和数学算式计算出图像的角度、位置、大小、形状等信息，加以记录。矢量图适用于描述色彩简单但比较精密的图形。典型的矢量图文件就是用 ASCII 码表示的命令和数据，并且用文本处理器可以直接进行编辑、修改。一般来说，矢量图文件较小，而且经放大、缩小、旋转后，它的分辨率不会改变，图像不会失真。目前 Flash、CorelDRAW、Adobe Illustrator、Vector Magic、FreeHand 等软件使用矢量图表示图像。

位图是位映射图像的简称，它将一幅图像划分成许多栅格，栅格的每一个点就是图像的像素，位图就是把图像上的每一个像素加以储存。栅格划分得越密，图像的显示质量越高。位图比较适合表示自然真实、色彩丰富的图像，如计算机屏幕的显示、照片、经过扫描仪或数码照相机获得的图形，都是以位图方式产生的。如果将位图图像进行放大或缩小处理，原有的分辨率会发生变化，从而造成图像的失真。目前 Animator、Photoshop 等软件主要使用位图格式。

在 Flash CS6 的对象中这两者可以相互配合，共同发挥作用。尽管支持矢量图是 Flash 动画的最大特色之一，但经常需要将位图导入 Flash 中，并对位图执行"分散"的操作，使位图具有矢量图的某种优点。

2.1.1　图形对象

使用 Flash CS6 的绘图工具栏中的工具（文字工具除外）绘制的对象称为"图形图

像"，它是经常要使用到的对象，Flash CS6 的绘图功能十分强大，在下面将详细介绍 Flash CS6 的绘图工具。

2.1.2　位图对象

导入 Flash CS6 文件的图片称为"位图对象"。要导入一张图片，需要执行以下操作：

（1）选择"文件"菜单下的"导入"命令，在弹出的子菜单中选择"导入到舞台"命令，如图 2-1 所示。

（2）弹出"导入"对话框，如图 2-2 所示，在适当的路径下选择需要导入的图片。

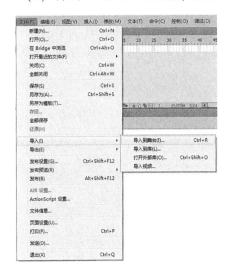　

图 2-1　选择"导入到舞台"命令　　　　　　　　图 2-2　"导入"对话框

（3）选好图片后单击"打开"按钮，即可将图片导入场景中，如图 2-3 所示。

图 2-3　导入的图片

如果该图片要反复使用，可以将其导入到"库"中，"库"的概念在以后会详细介绍和经常用到，操作步骤如下：

（1）选择"文件"菜单下的"导入"命令，在弹出的子菜单中选择"导入到库"命令，如图 2-4 所示。

（2）弹出"导入"对话框，在适当的路径下选择需要导入的图片，单击"打开"按钮。

（3）这时在工作区中并未显示图片，那是因为图片被导入了"库"中，需从"库"中打开。选择"窗口"菜单下的"库"命令，如图 2-5 所示，打开"库"面板，如图 2-6 所示。

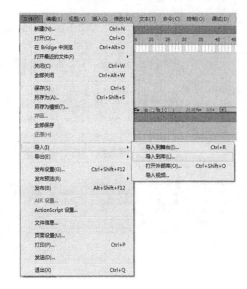
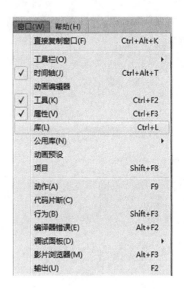

图 2-4　选择"导入到库"命令　　　　　图 2-5　选择"库"命令

在库中可以看到刚才导入的图片，用鼠标按住即可将它拖入工作区，如图 2-7 所示。

图 2-6　"库"面板　　　　　图 2-7　图片拖入工作区

以上两种方法都可以导入位图对象。导入的位图对象只能对它的大小和形状进行编辑，如果需要它像图形一样任意编辑，就要选择它后通过"修改"菜单下的"分离"命令实现，如图 2-8 所示。这时得到的图片如图 2-9 所示，这样不但可以对它进行任意编辑而且它占用的空间更小。

图 2-8 选择"分离"命令   图 2-9 分离的图片

2.2 Flash CS6 绘图工具的使用

2.2.1 线条工具

线条工具是绘制各种直线最常用的工具，它的使用非常广泛。首先尝试绘制一条直线，单击"线条工具"，移动鼠标到舞台上，按住鼠标并拖动，松开鼠标，一条直线就画好了。

用"线条工具"能画出许多风格各异的线条来。打开"属性"面板，在其中可以定义直线的颜色、粗细和样式，如图 2-10 所示。

在"属性"面板中，单击其中的"笔触颜色"按钮，会弹出一个调色板，此时鼠标变成滴管状。用滴管直接拾取颜色或者在文本框里直接输入颜色的十六进制数值，十六进制数值以#开头，如"#221C17"，如图 2-11 所示。

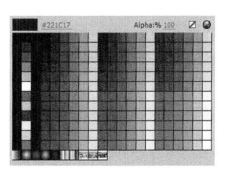

图 2-10 线条工具"属性"面板   图 2-11 "笔触调色板"面板

单击"属性"面板中的 ✐ "编辑笔触样式"按钮，会弹出一个"笔触样式"对话框，选择不同的类型，分别画出不同的线条，如图 2-12 所示。

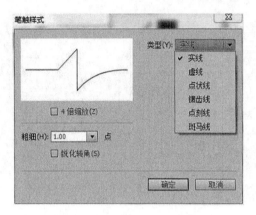

图 2-11　"笔触样式"对话框　　　　图 2-12　不同类型的线条

2.2.2　铅笔工具

"铅笔工具"主要用于绘制线条和图形，"铅笔工具"的颜色、粗细、样式定义和"线条工具"一样，它的修正选项可以绘制不同风格的曲线，也可以用于校正和识别基本的几何图形。"铅笔工具"的绘图模式有 3 种，单击"铅笔模式"按钮，如图 2-13 所示。

图 2-13　铅笔模式

- "伸直"模式：在伸直模式下画的线条，它可以将分离的直线自动连接，弯曲的直线变平滑。
- "平滑"模式：把线条转换成接近形状的平滑曲线，此外一条端点靠近其他线条的线将被互相连接。
- "墨水"模式：不加修饰，完全保持鼠标轨迹的形状。

2.2.3　椭圆工具

"椭圆工具" ◉ 可以绘制椭圆、圆、扇形、圆环等基本图形。在绘图工具箱中选择"椭圆工具"后，在"属性"面板中可以设置椭圆的笔触颜色、笔触高度、笔触样式、填充颜色、起始角度、结束角度、内径等属性，如图 2-14 所示，设置参数后绘制的椭圆如图 2-15 所示。

根据需要，将椭圆工具的属性设置完成后，在舞台上拖动鼠标即可绘制出需要的图形。绘制的各种图形如图 2-16 所示。

如果想精确绘制圆形，可以选择"椭圆工具"后，按下【Alt】键在舞台上单击，弹出

"椭圆设置"对话框，如图 2-17 所示，在其中可以以像素为单位精确设置椭圆的宽、高的数值。

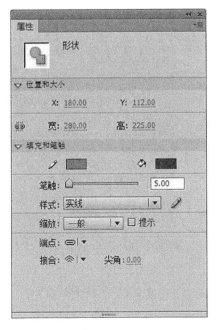

图 2-14　椭圆"属性"面板

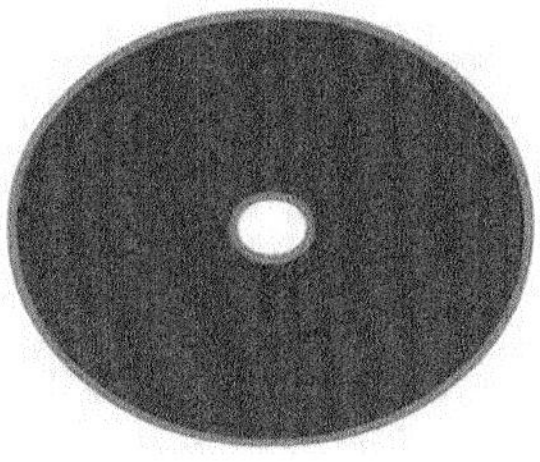

图 2-15　椭圆

图 2-16　"椭圆工具"绘制的各类图形

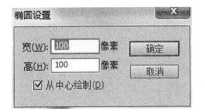

图 2-17　"椭圆设置"对话框

在绘制椭圆时，如果按下【Shift】键拖动鼠标，也可以绘制出圆形。

"基本椭圆工具"与"椭圆工具"的使用方法相似，这里不再赘述。

2.2.4　矩形工具

"矩形工具"□可以绘制矩形、圆角矩形、正方形这些基本图形。"矩形工具"有一个修正选项，它是圆角矩形半径，通过这个选项可以绘制圆角矩形。"矩形工具"中"圆角矩形"的角度可以这样设定：选择"矩形工具"后，单击"属性"面板中的"矩形选项"，可以设置圆角半径为 10 像素（可以输入 0~999 的数值），使矩形的边角呈圆弧状，如图 2-18 所示，绘制的矩形如图 2-19 所示。

也可以在场景中拖动"矩形工具"时按住【↑】【↓】键，以调整圆角半径。

图 2-18 "属性"面板中的"矩形选项"   图 2-19 绘制的圆角矩形

2.2.5 多角星形工具

"多角星形工具" ⬡是一个复合工具，可以利用其绘制规则的多边形和星形。选择"多角星形工具"后，在"属性"面板中可以设置多边形或星形的笔触颜色、笔触高度、笔触样式、填充颜色等属性。单击"属性"面板中"选项"按钮会弹出一个对话框，如图 2-20 所示。

可以设置多边形的边数，多角星形的边数和星形顶点大小，其中数值越小星形的角越尖。使用"多角星形工具"绘制的不同形状如图 2-21 所示。

图 2-20 "工具设置"对话框   图 2-21 使用"多角星形工具"绘制的图形

2.2.6 刷子工具

"刷子工具" ✍的绘制效果和日常生活中使用的刷子类似，它可以绘制出像刷子一样的线条和填充闭合的区域。与"铅笔工具"绘制的单一实线不同的是，"刷子工具"绘制的是轮廓粗细为 0 的填充图形。使用"刷子工具"绘制直线的填充颜色可以是单一颜色也可以是渐变或位图。

"刷子工具"包含 5 个修正选项，它们分别是：对象绘制、锁定填充、刷子模式、刷子尺寸、刷子形状。按住刷子模式下的小三角，可以看到里边有 5 种选择，如图 2-22 所示。

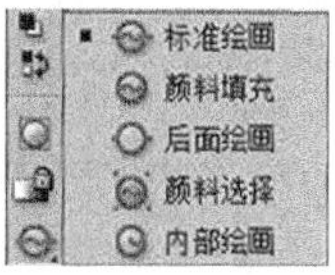

图 2-22　"刷子工具"
的刷子模式

- 标准绘画：使用常规喷涂模式绘制的结果在任何线条填充区域之上。
- 颜料填充：画出的线条覆盖填充物，但原有的线条并没有被覆盖掉，它只影响了填色的内容，不会遮盖住线条。
- 后面绘画：绘制的结果只能作用于空白的工作区，所有的填充物、线条和其他项目都不被覆盖，不会影响前景图像。
- 颜料选择：绘制的线条只能作用于选定的填充区域，首先用"箭头工具"选中圆形的填充区域，然后使用"笔刷工具"的颜料选择模式绘制线条，结果是"箭头工具"选中的部分被覆盖。
- 内部绘画：绘制的结果取决于开始绘制的位置，它只能作用于线条开始绘制的单一填充区域，如果画笔的起点是在轮廓线以内，那么画笔的范围也只作用在轮廓线以内。

2.2.7　Deco 工具

"Deco 工具" 可以快速创建类似万花筒的效果并应用于填充图形。它还有将任何元件转变为即时设计工具的特点。

单击工具箱中的"Deco 工具"，调出"Deco 工具"的属性面板，如图 2-23 所示。在属性面板中可对图形的填充效果进行详细设置。在设置过程中，选择不同的填充样式，对应的"高级选项"设置是不一样的。

Deco 工具是图案装饰性工具，它共有 13 种模式（见图 2-23），下面介绍 5 种模式：

（1）藤蔓式填充：填充的样式是由叶和花组成的藤蔓效果，在舞台工作区中绘制一个无填充的圆环，在圆环内单击一下，可得到默认的藤蔓样式效果，如图 2-24 所示。

在藤蔓填充过程中，如果需要提前停止藤蔓的蔓延，只要在蔓延的图像上单击就可以了；如果在藤蔓蔓延的过程中，单击了新的空白处，将结束原来的藤蔓蔓延而在单击处重新开始。

藤蔓蔓延的方式还可以做成动画效果，选中属性面板中的"动画图案"复选框，设置"帧步骤"为 1（即每 1 帧会产生 1 个关键帧），在舞台工作区中单击，藤蔓蔓延开始，当藤蔓蔓延得差不多时，在蔓延的藤蔓图像上再次单击，结束蔓延。这时时间轴上将自动产生一幅逐帧动画，如图 2-25 所示。

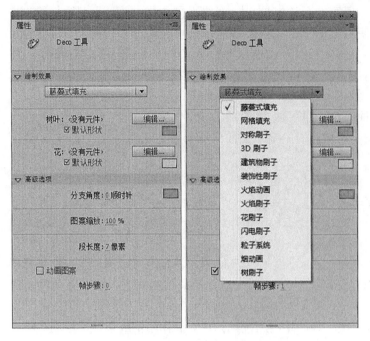

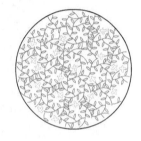

图 2-23　"Deco 工具"的属性面板　　　　　　　图 2-24　默认的藤蔓填充效果

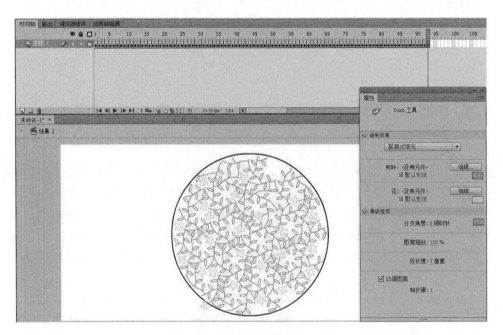

图 2-25　藤蔓蔓延的逐帧动画

（2）网格填充：填充的样式是由填充物组成很规律的网格状，如图 2-26 所示，在舞台工作区中绘制一个无填充的圆圈，在圆圈内单击，可得到默认的网格填充效果，如图 2-27 所示。

图 2-26　"网格填充"的属性面板

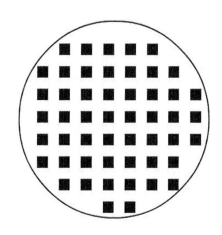

图 2-27　默认的网格填充效果

（3）对称刷子：选择"对称刷子"样式，如图 2-28 所示，将显示一组手柄。可以使用手柄，通过增加元件数、添加对称内容的方式来控制对称效果，如图 2-29 所示。

图 2-28　"对称刷子"的属性面板

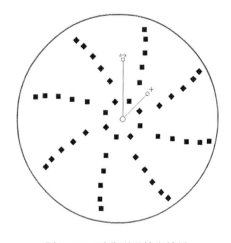

图 2-29　对称刷子填充效果

（4）树刷子：选择"树刷子"样式，其中高级选项下有 20 种树选项，如图 2-30 所示。在舞台中从下至上拉一条直线即可，填充效果如图 2-31 所示。

图 2-30　"树刷子"的属性面板

图 2-31　树刷子填充效果

（5）闪电刷子：选择"闪电刷子"样式，如图 2-32 所示。在舞台中缓慢单击即可填充闪电图案，如图 2-33 所示。

图 2-32　"闪电刷子"的属性面板

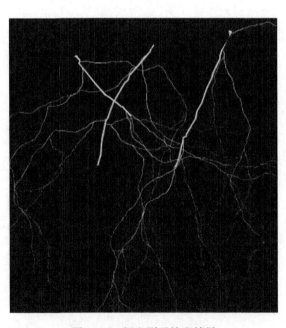

图 2-33　闪电刷子填充效果

2.2.8 骨骼工具

骨骼工具，可以很便捷地把符号（Symbol）连接起来，形成父子关系，来实现反向运动。整个骨骼结构也可称之为骨架，可以把骨架应用于一系列影片剪辑符号上，或者是原始向量形状上，这样便可以通过在不同的时间把骨架拖到不同的位置来操纵它们。在本书的后面章节将详细介绍。

2.2.9 滴管工具

"滴管工具"可以从各种存在的对象，如铅笔绘制的线条、笔刷的线条或各种填充的图案中获得颜色和类型的信息。当滴管经过线条或填充区域时，它的指针会发生变化。

当指针经过线条时，在滴管图标的下方会出现一支小的铅笔。

当指针经过填充区域时，在滴管图标的下方会出现一个小的笔刷。

当指针经过线条或填充区域时，并同时按下【Shift】键，在滴管图标的下方会出现一个倒置的"U"形，在这种模式下，"滴管工具"可以同时改变各种工具的填充和边框颜色。

"滴管工具"除了可以获得已有对象的颜色和类型信息外，在单击不同对象以后，还会自动转换为其他工具。当单击对象的线条时，"滴管工具"会自动转换为"墨水瓶工具"，这样可以将获得的直线属性应用到其他直线。当单击的是填充区域时，"滴管工具"会自动转换为"颜料桶工具"，这样可以将获得的填充区域属性应用到其他填充区域。如果"滴管工具"获取的填充物是位图，那么"滴管工具"在转换为"颜料桶工具"的同时，位图的缩略图会代替填充物的颜色。

2.2.10 颜料桶工具

"颜料桶工具"用来填充颜色、渐变以及位图到封闭的区域。"颜料桶工具"经常会和滴管工具配合使用。

"颜料桶工具"有两个修正选项，它们分别是"间隙大小"和"锁定填充"。"颜料桶工具"的"锁定填充"和"笔刷工具"的"锁定填充"基本类似。只不过"笔刷工具"需要一笔一笔地画满整个填充区域，而"颜料桶工具"可以一次性填满。"间隙大小"带有 4 个命令，这些允许误差的设置使得图形在没有完全封闭的情况下也可以填充轮廓线围着的区域。如果缺口太大，那只能人工闭合后才能填上。

2.2.11 "颜色"面板

在 Flash 中，单击"颜色"图标按钮 后，"颜色"面板就出现在窗口的最右边。也可以选择"窗口"→"颜色"命令调出"颜色"面板，如图 2-34 所示。

颜色填充有纯色、线性渐变、径向渐变和位图填充。线性和放射状填充通过增减颜色滑块可以做出颜色渐变的效果。色块的增加只要把鼠标放在渐变颜色条上，单击就可以增加，最多可以

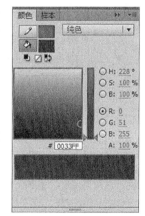

图 2-34 "颜色"面板

增加到 16 个。如果想去掉只要用鼠标将色块拖离即可,注意色块最少要有两个。颜色渐变速度的快慢由色块之间的距离决定,因此拖动色块之间的距离可改变渐变的效果。

如果选择位图填充,需要事先导入一幅图片到库中,"颜色"面板的设置如图 2-35 所示。这时选取"颜料桶工具"在封闭区域单击就会填充图片,如图 2-36 所示。

图 2-35　"颜色"面板中的位图填充　　　　图 2-36　位图填充效果

2.2.12　橡皮擦工具

"橡皮擦工具"主要是用来擦除当前绘制的内容。它包含 3 个修正选项,它们分别为橡皮形状、水龙头模式、橡皮擦除模式。

橡皮擦模式有以下 6 种可选模式:

- 常规擦除:和普通橡皮一样,可擦除其所经过的线条和填充区域。
- 擦除填充:只能擦除填充区域,不会擦除线条。
- 擦除线条:只能擦除线条而不会影响填充区域。
- 擦除选择的填充:只能擦除选择工具选中的填充区域,没有选中的部分不受影响,线条也不受影响。
- 擦除内部:只能擦除鼠标按下时所选中的区域,鼠标只能从填充区域内部开始而不能从外部开始,否则擦不掉。如果从已经擦掉的空白区域开始也擦不掉。
- 水龙头模式:单击可以删除整条线段或填充区域。如果不选择这个模式,那只能先选中对象再按【Del】键删除。而这个工具模式单击即可轻松搞定。

2.2.13　选择工具

"选择工具"主要用于选择对象、移动对象和改变对象轮廓。

使用"选择工具"选择对象,在单击线条或图形以后,被选中的对象会显示出网格,表示被选中。如果选中的是元件或组件,那么会在选中对象的周围出现一个细的彩色边框,通常称之为加亮显示。加亮的颜色可以通过"编辑"→"首选参数"来进行设置。

在使用单击选中对象时可以按住【Shift】键进行多选。若希望某个被选定的对象解除选定也可以按【Shift】键进行操作。如果双击对象可以把对象的线条以及颜色一起选中。

选中工具除了单击和双击选择外还可以使用拖动的方法，在所选择的对象上拖出一个矩形，这样矩形中的对象可以同时被选中。

按【Esc】键或者在工作区的任意空白位置单击可以取消选择。

使用选择工具修改直线。把鼠标靠近直线，当光标变成一个箭头下方带有一段圆弧时，按住鼠标向外拉，松开鼠标后就变成了一段圆弧，如图2-37所示。

按住鼠标向外拉的同时按住【Ctrl】键，光标的右下方便成了一段直角折线。这时可以将直线拉出一个角，即增加一个节点变为折线，如图2-38所示。

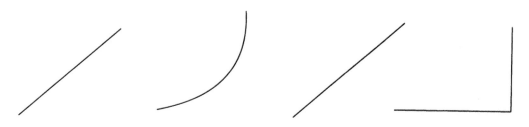

图 2-37　选择工具更改直线为弧线　　　　　图 2-38　选择工具更改直线为折线

将鼠标放在直线的端点处，光标变成一个箭头下带直角的形状时，可以拖动直线到指定的目标位置，还可以将直线变长、变短，如图2-39所示。

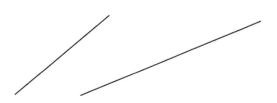

图 2-39　选择工具更改直线长度

2.2.14　部分选取工具

"部分选取工具"
有以下两个用途：

（1）移动或编辑单个的锚点或切线，这是主要用途。

（2）选取单个对象。

部分选取工具会因为鼠标指针的位置和执行的操作不同而显示不同的形状。

"部分选取工具"是修改和调整路径非常有效的工具。要想显示钢笔、铅笔或刷子等工具绘制的线条或图形轮廓上的节点，只要用该工具单击线条或图形轮廓即可，这样就可以显示所有节点。拖动节点或切线手柄可以对线条或图形进行编辑。

"部分选取工具"可以将转角点转换为锚点，只要按住【Alt】键，然后单击转角点，这个转角点就会转换为锚点，从而可以调节切线手柄。

锚点、转角点、节点都可以按【Del】键把它删除。

2.2.15 钢笔工具

选择"钢笔工具"在舞台上连续单击可以绘制出一系列的直线，每次的单击是一条直线的起点和终点。如果绘制曲线，单击并拖动即可，拖动的长度和方向决定了曲线的形状和宽度。

使用"钢笔工具"可以绘制出两种类型的点：锚点和曲线点，两者通称为节点。

使用"钢笔工具"时鼠标指针会因为所处的位置和执行的操作不同而显示以下不同的状态：

🖊：这是使用"钢笔工具"在绘制线条的过程中所显示的状态。

🖊：当鼠标在路径上的非节点处移动时，鼠标指针会显示这种状态，这表明可以在该处添加节点。

🖊：当鼠标停留在路径的拐点上时，鼠标指针显示该状态，这表明可以单击删除该拐点。

🖊：当鼠标停留在路径的锚点上时，鼠标指针显示该状态，这时如果单击该锚点即可将其转换为拐点。

如果要结束"钢笔工具"的绘制可以通过以下 3 种方法：①单击工具栏上的"钢笔工具"；②双击；③按住【Ctrl】键在空白处单击。

2.2.16 任意变形工具

"任意变形工具" 🔲 可以对线条、图形、实例或文本对象做出调整。使用"任意变形工具"选中对象后，在选中的对象周围会出现控制线和 8 个控制点以及中间的中心控制点，将光标移到这些可控制线和控制点上，鼠标的指针会发生变化。中心控制点的作用是缩放或旋转对象时以中心控制点为中心变形，中心控制点的默认位置是在中心，也可以通过移动鼠标来移动中心控制点的位置。绘制一个矩形后，使用"任意变形工具"选择矩形，如图 2-40 所示。

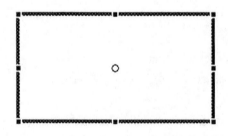

图 2-40   "任意变形工具"选择矩形后的效果

选择"任意变形工具"后，选项标签中有一个"渐变变形工具"。

"渐变变形工具" 🔲 用于调整渐变色、填充物和位图填充物的尺寸、角度和中心点。使用该工具调整时，调整对象的周围会出现一些手柄。填充物的内容不同，显示的手柄也不同。当填充物为渐变色时，"渐变变形工具"如图 2-41 所示。

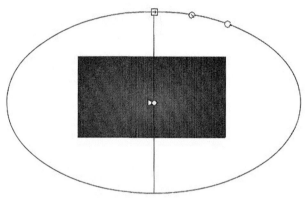

图 2-41　"渐变变形工具"应用

2.2.17　套索工具

"套索工具"是一种选取工具,主要用在处理位图时。导入场景一幅图片后将其打散,选择"套索工具",根据需要单击,当得到所需要的选择区域时,双击即可自动封闭所选区域。

小　　结

本章主要介绍了 Flash 中的图形对象、位图对象,以及绘图工具的使用。

实　战　演　练

(1) 根据素材"交通工具. tif",绘制小汽车的 Flash 矢量图,如图 2-42 所示。

(2) 根据素材"自然场景. tif",绘制出金色山坡,如图 2-43 所示。

图 2-42　交通工具

图 2-43　自然场景

第**3**章 Flash CS6动画制作基础

元件是 Flash 中构成动画的基础元素，可以重复使用。使用元件不仅能避免重复工作而且还能减小文件的大小。在库中可以管理各种不同的元件，元件和库的结合使制作 Flash 动画更加方便快捷。

本章主要介绍中文版 Flash CS6 动画制作的基础知识，这些知识在以后章节的学习中都会用到。本章主要内容包括：

（1）Flash 元件的创建及使用。

（2）库的概念及相关操作。

（3）时间轴、图层、帧相关知识及操作。

3.1 案例 1——创建元件

3.1.1 案例效果

本案例将分别创建 3 种基本的元件，创建完成之后的效果如图 3-1 所示。

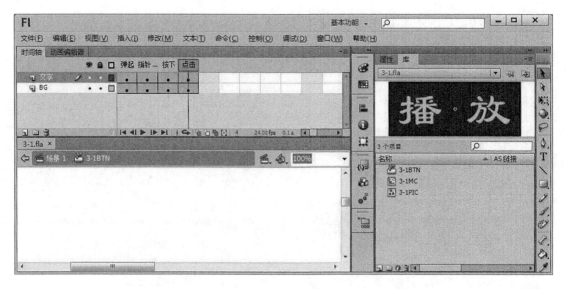

图 3-1 案例效果

3.1.2　实现步骤

1. 创建影片剪辑元件

创建的步骤如下：

（1）选择"插入"菜单下的"新建元件"命令，如图 3-2 所示。在弹出的对话框中为元件命名，选择"影片剪辑"类型，单击"确定"按钮，如图 3-3 所示。

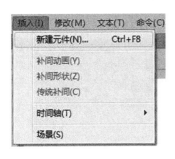　

图 3-2　"新建元件"命令　　　　图 3-3　影片剪辑元件名对话框

（2）创建影片剪辑元件后，将直接进入影片剪辑元件编辑窗口，在此窗口可以编辑影片剪辑元件，如图 3-4 所示。

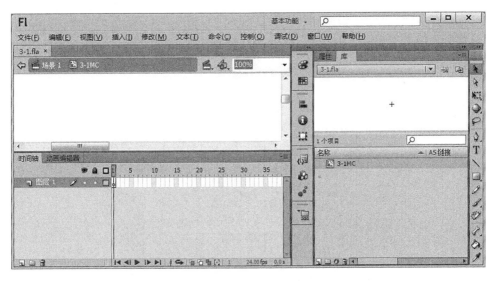

图 3-4　影片剪辑元件编辑窗口

2. 创建图形元件

创建的步骤如下：

（1）选择"插入"菜单下的"新建元件"命令，如图 3-2 所示。在弹出的对话框中为元件命名，选择"图形"类型，单击"确定"按钮，如图 3-5 所示。

（2）创建图形元件后，将直接进入图形元件编辑窗口，在此窗口可以编辑图形元件，如图 3-6 所示。

图 3-5　图形元件名对话框

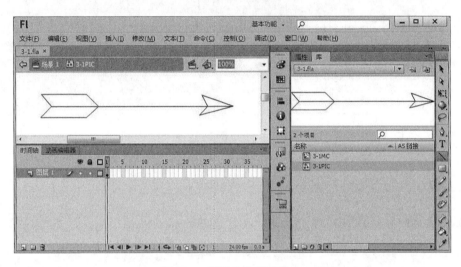

图 3-6　图形元件编辑窗口

3. 创建按钮元件

创建的步骤如下：

（1）选择"插入"菜单下的"新建元件"命令，如图3-2所示。在弹出的对话框中为元件命名，选择"按钮"类型，单击"确定"按钮，如图3-7所示。

图 3-7　按钮元件名对话框

创建按钮元件后，将直接进入按钮元件编辑窗口，在此窗口可以编辑按钮元件，如图3-8所示。

（2）用文本工具在"弹起"帧输入"播放"，画一个矩形背景框，将填充颜色调整为蓝色，添加文字，将填充颜色调整为绿色，如图3-9所示。

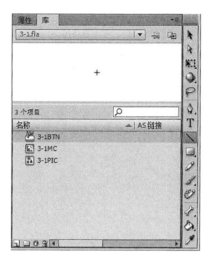

图 3-8　按钮元件编辑窗口

图 3-9　按钮"弹起"帧设置

在"指针经过"帧插入关键帧，修改文字"播放"的颜色为红色并将它向左和向上移动一点（利用方向键控制），背景颜色调为绿色，如图 3-10 所示。

图 3-10　按钮"指针经过"帧设置

在"按下"帧插入关键帧，修改文字"播放"的颜色为蓝色并将它向右和向下移动一点（利用方向键控制），背景颜色调为白色，如图3-11所示。

图3-11　按钮"按下"帧设置

"点击"帧设置与"弹起"帧相同，如图3-9所示。

3.1.3　相关知识

1. 元件概述

元件是指在Flash中创建而且保存在库中的图形、影片剪辑或按钮，可以在本影片或其他影片中重复使用，是Flash动画中最基本的元素；它与其他"普通"对象（如数组、声音、日期、文本等对象）的差别在于：只有元件才能被创建补间动画，使用者无法对除元件之外的其他任何对象创建补间动画。

在制作一个动画的过程中，如果对使用的元素重新编辑，那么还需要对使用了该元素的对象进行编辑，但通过使用元件，就不再需要进行这样的重复操作了。只要将在动画中重复出现的元素制作成元件即可。使用元件，可以简化动画的修改、缩小文件的大小、加快动画的播放速度。

元件本身还具有很多特性，正是借助这些特性，很多效果才得以实现。同时，元件还是很多程序的载体，没有元件，想创建复杂的交互根本无法实现。

2. 元件类型

在Flash中，可以创建的元件共有三种：影片剪辑元件、图形元件和按钮元件。这三种元件在Flash中用途各异，虽然它们的功能范围不同，但是也有些重叠。某些情况下，可以用几种元件来实现同一功能，但多数情况下，却只有一种元件能够胜任某一功能。

此外，三种元件都具有多级嵌套能力。例如，使用者可以把一个按钮元件放置到一个影片剪辑元件中，然后再把这个影片剪辑元件放置到一个图形元件中。许多复杂的动画效果都是使用这种元件的嵌套方式来实现的。

（1）影片剪辑元件。影片剪辑元件是Flash元件中功能最强的元件，它的应用涵盖了按钮元件和图形元件。凡是用按钮元件和图形元件可以实现的，都可以用影片剪辑元件来实现。

影片剪辑元件的时间线是完全独立的，不受制于场景中的时间线（即主时间线，又称根时间线）。即使在一个时间线只有 1 帧的场景中放置一个时间线有 100 帧的影片剪辑元件，当播放时，尽管场景时间线立即就停止（或者循环播放）了，但影片剪辑中的动画依然会播放完 100 帧。

影片剪辑元件中可以容纳各种多媒体素材，如位图、声音、视频等。在编程方面，影片剪辑元件是 Flash 最复杂的对象，拥有近百个属性和方法，很多功能只有影片剪辑才能完成。例如，直接在屏幕上进行动态绘图、监视鼠标的动作、检测物体的碰撞等。

影片剪辑元件在库面板中的图标是一个放映机上的齿轮图形（见图 3-1）。

（2）图形元件。图形元件通常用来创建补间动画或放置一些静态的图形。它不是对象（没有任何属性或方法的对象）使用者无法为图形元件编程，图形元件中也不能包含声音，尽管可以把声音从库中拖放到图形元件的舞台中，但当测试电影时，声音不会被播放。

最重要的是，图形元件的时间线是与场景中的时间线同步的。如果场景中的时间线分配给某个图形元件实例的时间线的长度小于该图形元件中的时间线的长度，则该图形元件中的时间线中多出来的帧将不会得到播放。

（3）按钮元件。按钮元件主要用来创建按钮。通过按钮元件，可以在动画中创建响应单击，滑过或者其他事件的交互式按钮。按钮元件也有时间线，但只有四帧，命名为弹起、指针经过、按下、单击（见图 3-9）。

按钮元件的时间轴上的每一帧都有各自的功能与意义。

"弹起"帧：表示按钮本来的状态。在该帧中可以绘制鼠标指针不在按钮上时的按钮状态。

"指针经过"帧：表示当鼠标放在按钮上时的状态。在该帧中可以绘制鼠标指针在按钮上时的按钮状态。

"按下"帧：表示当单击按钮时的状态。在该帧中可以绘制单击按钮时的按钮状态。

"单击"帧：表示按钮的响应区域。在该帧中绘制一个区域，这个区域不显示。在没有定义"单击"帧时，它的激发范围是前面 3 个帧中的图形。

3．将对象转换为元件

除了在库面板新建元件以外，Flash 还允许将已经存在于场景或元件内的对象转换为元件，包括一般的图形、组合的图形、位图或文字等。

首先，选择要转换成元件的对象，然后选择菜单栏中的"修改"→"转换为元件"命令或右击在弹出的快捷菜单中选择"转换为元件"命令或直接按下【F8】键，弹出"转换为元件"对话框，如图 3-12 所示。

在该对话框的"名称"文本框中输入元件的名称，"类型"下拉列表框中选择元件的类型，然后单击"确定"按钮就可以将选取的对象转换成元件。

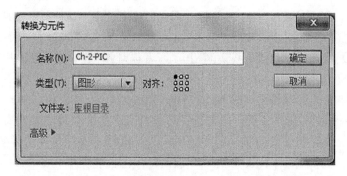

图 3-12　"转换为元件"对话框

3.2　案例 2——库操作

3.2.1　案例效果

本案例通过库操作管理元件，完成之后的效果如图 3-13 所示。

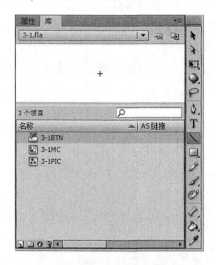

图 3-13　案例效果

3.2.2　实现步骤

1. 显示库面板操作

选择"窗口"→"库"命令或者按【Ctrl+L】组合键，打开库面板，即可看到已经建立的新元件，"窗口"菜单如图 3-14 所示。

2. 基本操作命令

通过库面板上的基本操作命令（从左到右）分别是"新建元件"按钮、"新建文件夹"按钮、"元件属性"按钮、"删除元件"按钮等，如图 3-15 所示。

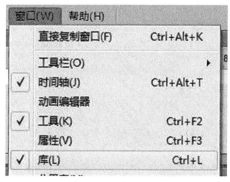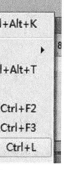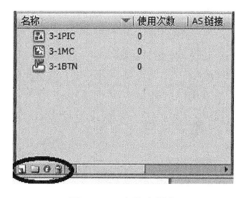

图 3-14　"窗口"菜单　　　　　　　　图 3-15　库基本操作

- "新建元件"按钮：选中该命令也将弹出"创建新元件"对话框，如图 3-7 所示，可以直接在库中创建新元件。
- "新建文件夹"按钮：选中该命令可以创建一个文件夹用于管理元件资源。
- "属性"按钮：单击该按钮将弹出"元件属性"对话框，在对话框中可以修改选定元件的属性。
- "删除"按钮：用来删除库中的元件。单击要删除的元件，并单击"删除"按钮即可将选定元件从库中删除。

3. 库选项菜单

单击"库"面板右上角的菜单，也可以在库面板上右击，打开库选项菜单，该菜单可以管理有关库的所有方面。"库"面板的选项菜单包含如下菜单命令：

（1）新建元件：与"库"面板底部的"新建元件"按钮功能相同。

（2）新建文件夹：与"库"面板底部的"新建文件夹"按钮功能相同。

（3）新建字形：允许创建存储于共享库中的字体元件。选择该命令可以避免直接在Flash 影片中嵌入字体。

（4）新建视频：选择该命令将弹出"视频属性"对话框，如图 3-16 所示。

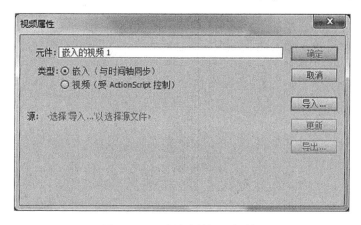

图 3-16　"视频属性"对话框

- 选择"类型"为"嵌入（与时间轴同步）"单选按钮，然后单击对话框中的"导入"按钮，定位到视频文件的位置，选择要导入的文件，再单击"确定"按钮可以导入一段视频。
- 选择"类型"为"视频（受 ActionScript 控制）"单选按钮，可以将一个空白的视频元件嵌入库中，双击视频元件可以填充该元件。

3.2.3　相关知识

1. 库的概述

就像仓库是用来存放物品的，需要时从仓库中提货一样，Flash 中的库也是如此。它不仅为所有的元件提供了存放的空间，而且元件放进库后，就可以被重复利用。

在 Flash CS6 中，"库"面板是默认打开的，如果在打开 Flash 时"库"没有打开，可以通过选择"窗口"→"库"命令或者按【F11】键来打开"库"面板。在 Flash 动画中，所有的图形元件、按钮元件、影片剪辑元件，以及各种导入 Flash 中的元素，它们都可以存放在"库"中。"库"还提供了预览动画与声音文件的功能。

2. 库的基础知识

在"库"面板中，按列的形式显示"库"面板中每个元件的信息。在默认宽度下，只显示"名称"和"AS 链接"两列的内容，使用者可以拖动面板的左边缘来调整库的宽度，以查看全部列的内容。另外，将指针放在列标题之间并拖动，可以调整单列的宽度；将指针放在列标题上并拖动可以改变列的顺序，这样就可以按照用户自己的习惯来安排。

3.3　案例 3——时间轴操作

3.3.1　案例效果

本案例将制作一个多图层的动画，应用 Flash 的时间轴图层操作工具、帧操作，实现简单动画，案例效果如图 3-17 所示。

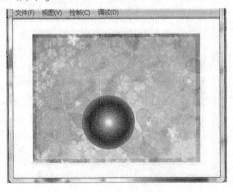

图 3-17　案例效果

3.3.2　实现步骤

（1）选择菜单"文件"→"新建"命令，弹出"新建文档"对话框，新建一个 ActionScript 3.0的 Flash 文档。单击"属性"面板上的"宽（W）"和"高（H）"右侧的文本输入区，设置"尺寸"为 400 像素×300 像素，如图 3-18 所示。

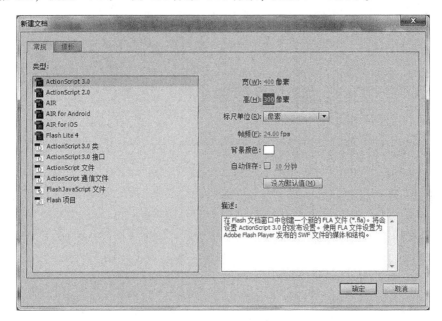

图 3-18　设置文档属性

（2）选择菜单"插入"→"新建元件"命令，弹出"创建新元件"对话框，在"名称"文本框中输入元件的名称"选课并播放"，"类型"选择"按钮"，单击"确定"按钮，如图 3-19 所示，同时进入"选课并播放"按钮编辑状态。

图 3-19　创建"选课并播放"按钮元件

（3）选中"弹起"帧，按【F5】键插入一个关键帧，选择圆角矩形工具，圆角半径设为 10，填充为黑白球形渐变。新建一个图层，并修改图层名为"文字"，应用文本工具，添加按钮文本"选课并播放"，字体系列为黑体，颜色为红色，大小为 15，字母间距为 2，完成之后如图 3-20 所示。选中"单击"帧，按【F5】键插入一个关键帧，调整圆角矩形填充色为蓝色。

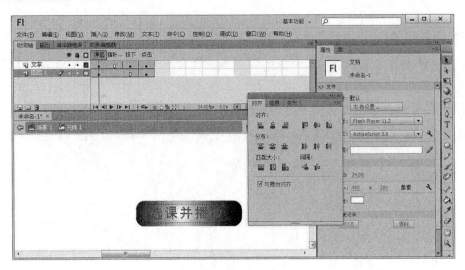

图 3-20　按钮时间轴操作

（4）选择菜单"文件"→"导入"→"导入到库"命令，将图像"b-bg31. tif"导入库中。选择场景中的"图层 1"，将库中的 b-bg31. tif 拖放到舞台上。选择菜单"窗口"→"对齐"命令或按【Ctrl+K】组合键，打开"对齐"面板，如图 3-21 所示。

单击图片，选中"与舞台对齐"复选框，依次单击"水平中齐"按钮和"垂直中齐"按钮，则图片与舞台中心对齐，如图 3-22 所示。

图 3-21　"对齐"面板

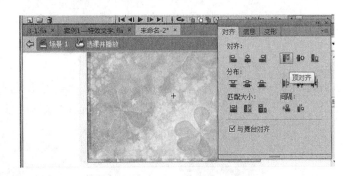

图 3-22　对齐舞台中心

（5）单击时间轴，新建一个图层，命名为"小球"，并使用椭圆工具在舞台绘制一个球体，选中第 25 帧，按下【F5】键插入关键帧，如图 3-23 所示。

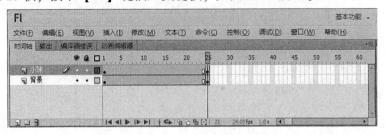

图 3-23　场景时间轴

（6）单击小球图层的第 25 帧，选择菜单"修改"→"变形"→"缩放"命令，对小球进行放大，如图 3-24 所示。

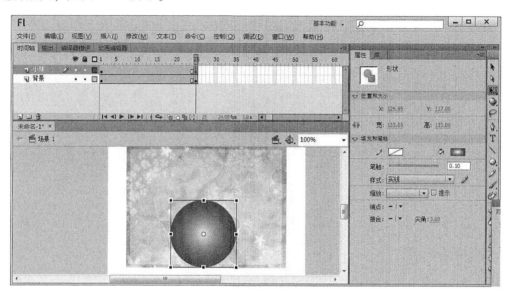

图 3-24　小球缩放变形

（7）单击小球图层的第 25 帧，选择菜单"窗口"→"颜色"命令，对小球进行颜色调整，填充颜色为白、蓝、白，如图 3-25 所示。

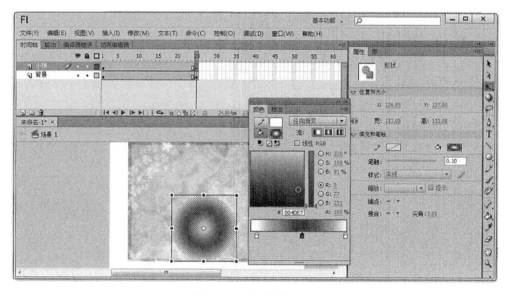

图 3-25　小球颜色调整

（8）单击第 1 帧，右击，在弹出的快捷菜单中选择"创建补间形状"命令，如图 3-26 所示。

（9）按下【Ctrl+Enter】组合键，运行动画文件。

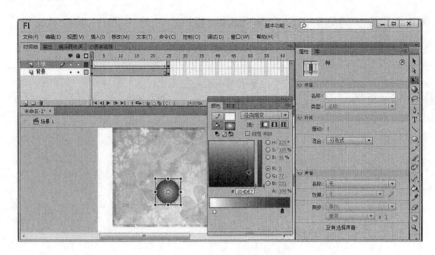

图 3-26　时间轴补间形状

3.3.3　相关知识

时间轴、图层、帧的相关知识如图 3-27 所示。

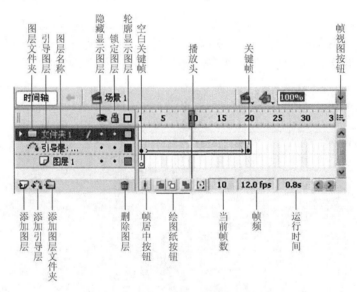

图 3-27　时间轴、图层、帧

1. 实例

一个 Flash 动画文件会制作很多对象，这些对象构成了动画的元件。Flash 中为增加元件的可用性，常常把元件建在库中，这些元件相当于面向对象程序中的类。把库中的元件拖放到舞台中，就产生该元件的一个实例。同一个元件在同一个动画文件中可以有多个实例。

2. 场景

场景又称舞台，是专门用来容纳、包含图层里面的各种对象的平台，它相当于一块场地，上面可以摆放与动画相关的各种对象或元件。同时，这个场地也是动画播放的舞台，即是摆放的场地也是动画表演的舞台。场景是由图层组成，而图层又是由帧组成，一个图层包含多个帧。Flash 里面允许建立一个或多个场景，以此来扩充更多的舞台范围。

场景中白色为可见区域，灰色为不可见区域，如图 3-28 所示。

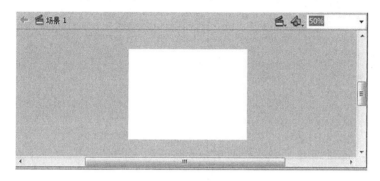

图 3-28　场景的可见区域

1）场景的缩放

如果要放大舞台或某个图形，可以单击"工具"面板（传统布局左侧）中的"缩放工具"（图标是一个放大镜）；也可以单击右上解的下拉列表，直接选择比例；还可以采用菜单命令："视图"中的"放大"与"缩小"。

单击"缩放"工具后，可以看到"工具"面板下面多了两个放大镜。这两个放大镜有明显的不同，选中带"+"的放大镜，再单击舞台，即可放大舞台，每次放大一倍。选中带"−"的放大镜，可以缩小舞台。缩小比率同样是一倍，如图 3-29 所示。

图 3-29　场景的缩放

2）场景的平移

当舞台放大后，可能没有办法看到整个舞台或某个局部，在不改变缩放比率的情况下更改视图（可视区域），可以使用"手型工具"或者舞台周边的"滚动条"移动舞台。

"手型工具"：在"工具"面板中选择"手型工具"（图标是一只手），就可以拖动舞台了，如图 3-30 所示。

"滚动条"：和使用浏览器一样，拖动滑块以改变视图。

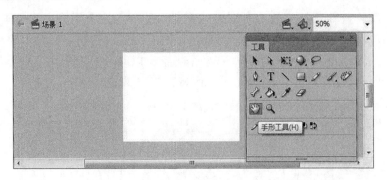

图 3-30　场景的平移

3. 帧

依据视觉渐留的原理可知，动画就是画面的连续播放所产生的，常见有电影和电视，其中电影每秒播放 24 幅画面，电视则每秒播放 25 幅画面。Flash CS6 默认 24fps，每秒播放 24 幅画面（可以修改）。这里每一幅画面都称它为一个帧，如图 3-31 所示上面的每个小格子就是一个帧，每个格子都分别对应着一幅画面，播放时按照帧的先后顺序由左向右进行。仔细观察就会发现"帧在时间轴上显示不全一样啊?"正因为它们不一样才有了普通帧、关键帧、空白关键帧（又称白色关键帧）这些类型。

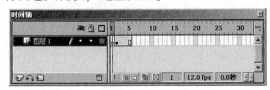

图 3-31　图层与帧

1）空白关键帧

第一个小格子里面有一个白色的小圆圈，这就是空白关键帧。它里面什么内容都没有，一片空白。单击该空白关键帧，在下面的场景里看到的是一片空白区域，如图 3-32 所示。

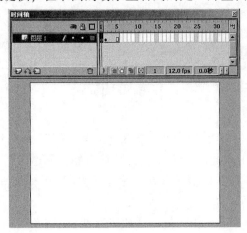

图 3-32　空白关键帧

2）关键帧

第二个小格子里面有个实心的小黑点，它就是关键帧。里面有实际的内容，单击该关键帧（或用鼠标按住帧上面红色滑块向后拖动到该帧），在场景中看到了一个黑色的圆，如图 3-33 所示。

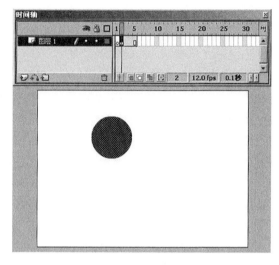

图 3-33　关键帧

由此可见，关键帧和空白关键帧的区别就在于关键帧有实际的内容而空白关键帧没有。空白关键帧+内容（比如画一条直线）=关键帧。如果把关键帧内容全部删除，则变为空白帧，即空白关键帧=关键帧-里面所有内容。

3）普通帧

关键帧后面的灰色部分都是普通帧，普通帧里面没有实际的内容，但是它却能将离它最近的关键帧的内容显示出来。单击第 3 帧，如图 3-34 所示。

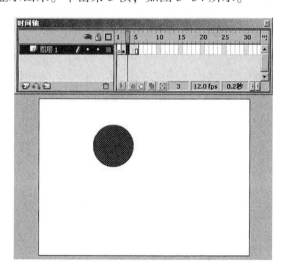

图 3-34　普通帧

它看起来好像有内容，可实际上是没有的，第 3、4、5 帧显示的是前面离它最近的关键帧（第 2 帧）的内容，因此，普通帧尽管没有实际内容但它却可以用来延续一幅画面的存在时间。

图 3-34 所示的第 5 帧□代表普通帧的结束。移除帧与清除帧的区别：选中帧右击鼠标右键，在弹出的快捷菜单中有"移除帧"和"清除帧"命令。移除帧就是删除帧，用来将帧连同帧上的内容（如果是关键帧）一起删除；而清除帧则是只把帧上的内容清空，帧仍然存在。

4. 时间轴

时间轴是 Flash 动画创作时组织层、帧和控制动画内容的窗口，层和帧中的内容随时间的改变而发生变化，从而产生了动画。时间轴主要由层、帧和播放头组成。

如图 3-34 所示时间轴左边的一列列出动画中的层，每层的帧显示在层名右边的一行中，位于时间轴上部的时间轴标题指示帧编号，播放头指示编辑区中显示的当前帧。

时间轴的状态行指示当前帧编号、当前帧速度和播放到当前帧用去的时间。在动画播放时显示实际的帧速度。此时，如果计算机显示动画不够快，这里显示的帧速度可能与动画播放时的实际帧速度不同。

可以改变帧的显示方式，时间轴显示帧内容的缩略图。时间轴显示哪里有逐帧动画、过渡动画和运动路径。使用时间轴层部分的控件（眼睛、锁头、方框图标），可以隐藏或显示图层、锁定图层、解锁或显示层内容的轮廓。

可以在时间轴中插入、删除、选择和移动帧，也可以把帧拖到同一层或不同层中的新位置。

5. 图层

图层就像透明的胶片一样，在舞台上一层层地向上叠加。图层用于组织文档中的插图，可以在图层上绘制和编辑对象，而不会影响其他图层上的对象。如果上面的一个图层没有内容，那么就可以显示下面图层的内容。

当创建了一个新的 Flash 文档之后，它仅包含一个图层。可以添加更多的图层，以便在文档中组织插图、动画和其他元素。可以创建的图层数只受计算机内存的限制，而且图层不会影响发布的 SWF 文件的文件大小。

1）图层的属性

图层属性可分为类型属性和显示属性。类型属性主要有"一般""遮罩层""被遮罩层""文件夹""引导层"五类，一个图层可以"显示或隐藏""锁定或解锁""显示轮廓"，如图 3-35 所示。

2）活动图层

在操作图层上的对象之前，需要在时间轴中选择该图层以激活它为当前图层。时间轴中图层或文件夹名称旁边的铅笔图标表示该图层或文件夹处于

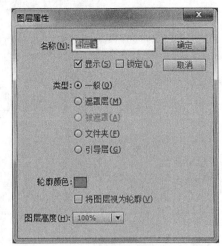

图 3-35　图层属性

活动状态。一次只能有一个图层处于活动状态（尽管一次可以选择多个图层）。

3）图层的操作

如图 3-34 所示，图层在时间轴上有三个基本操作：新建图层、删除图层和调整顺序。

- 单击"新建图层"按钮，则在时间轴上增加一个新的图层，图层默认命名为"图层 X"，双击"图层 X"可以输入新的图层名称。
- 单击"删除图层"按钮，则删除当前图层。
- 用鼠标拖动当前图层，则可以改变图层显示顺序。

小　　结

本章主要介绍了元件、库、帧和时间轴的概念及相关操作。

元件是指在 Flash 中创建而且保存在库中的图形、影片剪辑或按钮，可以在一个影片或其他影片中重复使用，是 Flash 动画中最基本的元素，它可以创建补间动画，使用者无法对除元件之外的其他任何对象创建补间动画。使用元件，可以简化动画的修改、缩小文件的大小、加快动画的播放速度。

通过库面板、菜单命令新建元件，Flash 还可以将已经存在于场景或元件内的对象转换为元件，包括一般的图形、组合的图形、位图或文字等。

Flash 中的库不仅为所有的元件提供了存放的空间，而且元件放进库后，就可以被重复利用。把库中的元件拖放到舞中，就产生该元件的一个实例。同一个元件在同一个动画文件中可以有多个实例。

帧即 Flash 中的一个画面，默认每秒播放 24 帧，有普通帧、关键帧、空白关键帧（又称白色关键帧）这些类型。

时间轴主要由层、帧和播放头组成，是 Flash 动画创作时组织层、帧和控制动画内容的窗口，层和帧中的内容随时间的改变而发生变化，从而产生了动画。

实 战 演 练

（1）新建一个 Flash 文档，在库中分别新建一个图形、影片剪辑或按钮，并正确命名。

（2）新建一个 Flash 文档，导入一幅背景图，制作一个篮球从高处落下，然后反弹，每次反弹高度为原来的二分之一，反弹次数为三次。

第 **4** 章　创建文本和导入外部对象

　　文字在 Flash 中有重要的应用地位，应用文字能实现很多的效果，是 Flash 动画制作的基本素材。音频、视频能很好地增加 Flash 动画的表现力，也是常用的动画素材。

　　本章主要介绍 Flash 中文字相关的动画制作的基础知识，以及在 Flash 动画中应用音频、视频的方法。本章主要内容包括：

（1）Flash 中的文本类型及特点。

（2）创建 Flash 文字动画。

（3）音频在 Flash 中的应用。

（4）视频在 Flash 中的应用。

4.1　案例 1——静态文字特效

4.1.1　案例效果

　　利用 Flash CS6 的文字工具实现荧光文字、立体文字的特效。完成后的效果如图 4-1 所示。

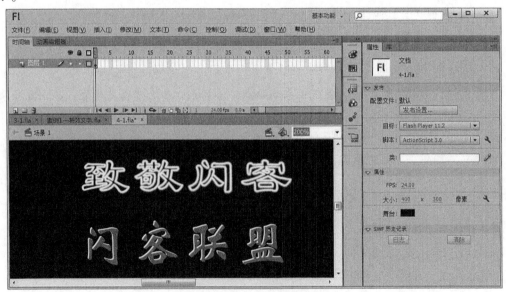

图 4-1　案例效果

4.1.2　实现步骤

（1）新建一个文档，设置大小为 400 像素×300 像素，背景颜色为黑色，帧频为 24 fps，ActionScript 3.0，如图 4-2 所示。

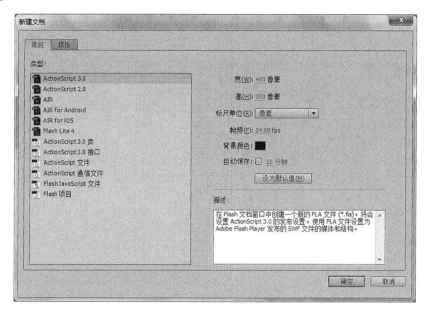

图 4-2　新建文档

（2）选择工具箱里的文本工具，在场景 1 中输入内容"致敬闪客"，设置字号为 50，字母间距为 5，字体为隶书，字体颜色为白色，如图 4-3 所示。

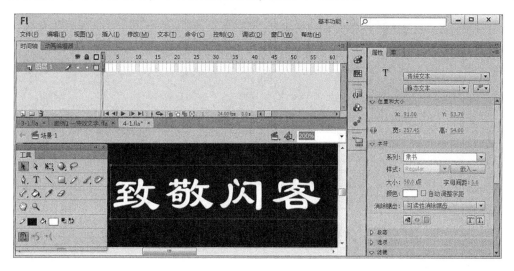

图 4-3　输入文字

（3）选择输入的文字，按【Ctrl+B】组合键两次将文字打散，选择工具箱里的墨水瓶工具，设置笔触颜色为黄色，单击文字，使文字边缘变成黄色，如图 4-4 所示。

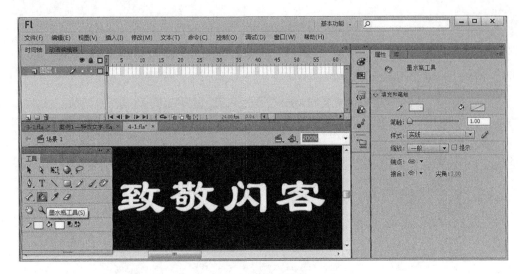

图 4-4　文字描边

（4）按【Del】键删除白色填充，选择所有文字，选择"修改"→"形状"→"将线条转换为填充"命令，转换为空心文字，如图 4-5 所示。

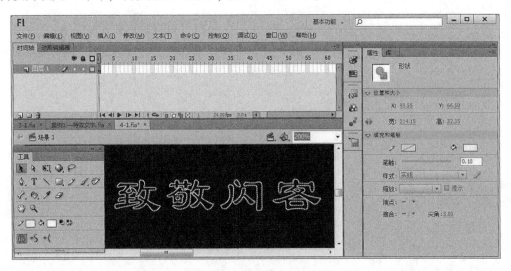

图 4-5　空心文字

（5）选择"修改"→"形状"→"柔化填充边缘"命令，设置距离为 3 像素，步骤数为 5，方向为扩展，单击"确定"按钮，如图 4-6 所示。

（6）在同一个文件中，选择工具箱里的文本工具，在场景 1 中输入内容"闪客联盟"，设置字号为 50，字母间距为 5，字体为华文新魏，字体颜色为白色，使用【Ctrl+K】组合键对齐到舞台中央，如图 4-7 所示。

（7）选中输入的文字右击，在弹出的快捷菜单中选择"复制"命令，再执行"粘贴"，粘贴后的文字颜色设为灰色，使用【Ctrl+K】组合键使灰色文字对齐到舞台中央，与原文字重合，如图 4-8 所示。

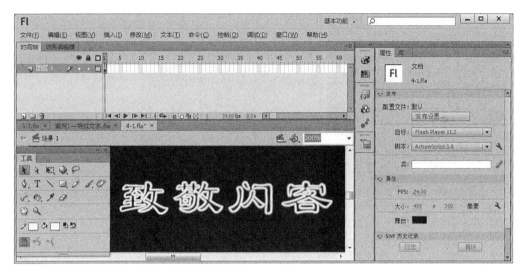

图 4-6 柔化效果

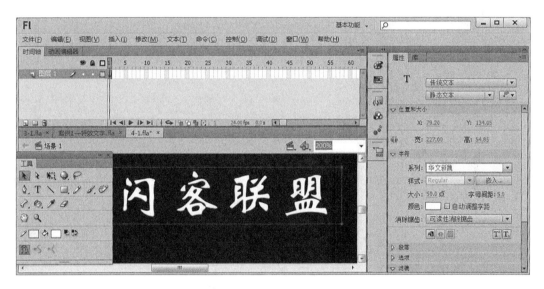

图 4-7 输入效果

图 4-8 重合文字

（8）选中灰色文字，使用键盘方向键，向下、向右分别移动 2 像素，形成立体文字效果如图 4-9 所示。

图 4-9 立体文字效果

4.1.3 相关知识

1. Flash 中的文本类型

Flash 中的文本分为静态文本、动态文本和输入文本三种类型。尽管这三类文本都是由工具栏中的文本工具创建的，但三者有着极大的区别。

2. 静态文本

静态文本是一种静止的、不变的文本。当选择一个静态文本时，"属性"面板上图标"T"右侧的下拉菜单会显示出这是一个"静态文本"。

静态文本用于创建不需要发生变化的文本，如标题或者说明性的文字等。尽管很多人都会将静态文本称为文本对象，但事实上，只有动态文本和输入文本才能真正被称为文本对象，而静态文本更像是一幅图片。静态文本不具备对象的基本特性，没有属性和方法。无法对静态文本进行实例命名，因此也无法通过编程来对静态文本进行控制。

设置字体、样式、大小和颜色：

单击"工具栏"中的"选择工具"按钮，在场景中选择已经输入的文本，如果"属性"面板没有打开，可选择"窗口"→"属性"命令，将"属性"面板打开。单击"系列"下拉列表框右侧的三角形按钮，从下拉列表中选择一种字体，或者直接输入字体的名称。

单击"大小"文本框右侧的蓝色数字，可以输入文字大小值，也可以通过在数字上按住鼠标左键滑动的方式调整文字的大小。

单击"样式"下拉菜单右侧的三角形按钮，选择需要应用的字符样式，如加粗（Bold）等。

要选择文本填充柄颜色，可单击"颜色"右侧的色彩框，然后执行以下操作之一：

- 从颜色选项板中选择一种颜色。
- 在颜色选项板的文本框中输入颜色的十六进制值。
- 单击颜色选项板右上角的"颜色选择器"按钮，然后从弹出的"颜色选择器"中选择一种颜色。

4.2   案例 2——文字淡入淡出

4.2.1   案例效果

本案例主要使用文字的 Alpha 属性，通过调整 Alpha 属性值，实现文字的出现与隐藏，结合 Flash 时间轴上的补间动画功能，达到文字淡入淡出效果，如图 4-10 所示。

图 4-10   案例效果

4.2.2   实现步骤

（1）新建一个文档，设置大小为 600 像素×386 像素，背景颜色为白色，帧频为 24 fps，ActionScript 3.0，如图 4-11 所示。

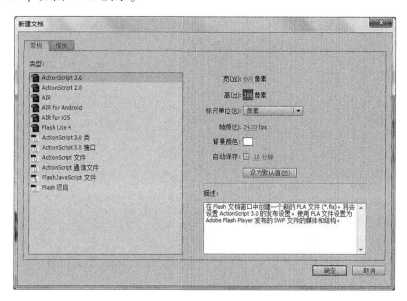

图 4-11   新建文件

（2）选择菜单"文件"→"导入"→"导入到库"命令，选择文件"4-3bg. tif"，如图4-12所示。

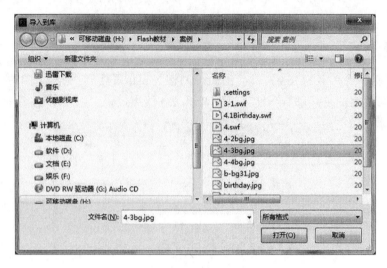

图4-12　选择导入背景文件

（3）打开库面板，将背景文件拖入舞台中，如图4-13所示。将"图层1"重命名为"背景"，选择第60帧，插入帧。

图4-13　导入背景

（4）选择"插入"→"新建元件"命令，设置元件名为"黄花诗"，类型为"影片剪辑"，如图4-14所示。

（5）选择工具栏上的"文本工具"，输入静态文本"黄花诗"，大小设为"30"，字母间距设为"5"，颜色为"红色"；输入静态文本"唐寅"，大小设为"20"，字母间距设为"5"，颜色为"绿色"；输入静态文本"黄花无主为谁容？冷落疏篱曲径中。尽把金钱买胭脂，一生颜色付西风。"大小设为"20"，字母间距设为"0"，段落间距为"5"，颜色为"蓝色"。完成后的效果如图4-15所示。

图 4-14 新建元件

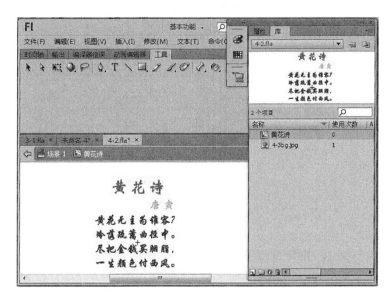

图 4-15 静态文本

（6）插入一个新的图层，选择"图层 2"第 1 帧，把库里的"黄花诗"影片剪辑拖到场景合适的位置，如图 4-16 所示。

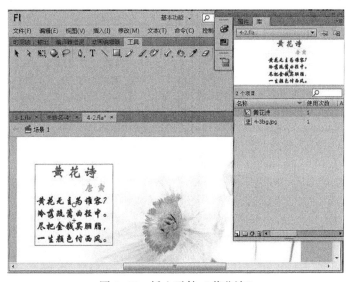

图 4-16 插入元件"黄花诗"

（7）选择"图层 2"第 20 帧右击，在弹出的快捷菜单中选择"插入关键帧"命令，如图 4-17 所示。

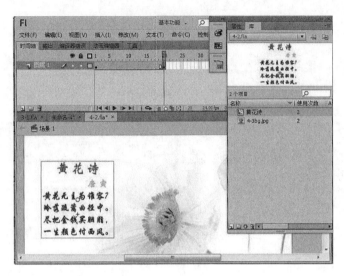

图 4-17　插入关键帧

（8）选中"图层 2"第 1 帧，再选中场景中的文字，在属性的"色彩效果"中设置 Alpha 值为"0"，如图 4-18 所示。

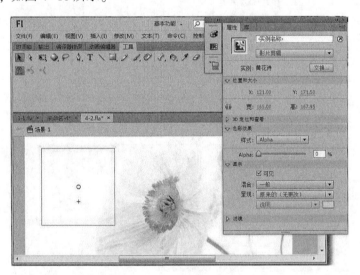

图 4-18　设置色彩效果

（9）在"图层 2"中第 1 帧至第 20 帧之间，选择任意帧右击，在弹出的快捷菜单中选择"创建补间动画"命令，形成淡入效果，如图 4-19 所示。

（10）选择"图层 2"第 40 帧右击，在弹出的快捷菜单中选择"插入关键帧"命令；选择"图层 2"第 60 帧右击，在弹出的快捷菜单中选择"插入关键帧"命令，如图 4-20 所示。

（11）选中"图层 2"第 60 帧，再选中场景中的文字，在属性的"色彩效果"中设置 Alpha 值为"0"，如图 4-21 所示。

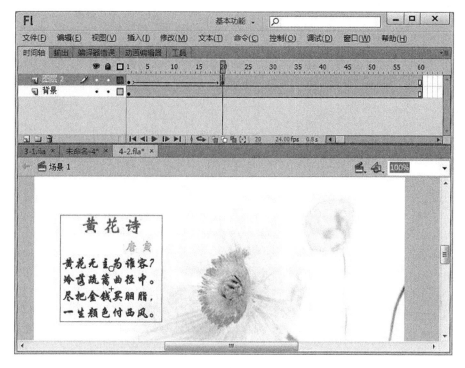

图 4-19 创建淡入补间动画

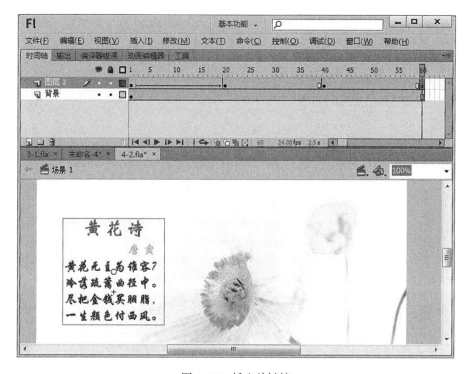

图 4-20 插入关键帧

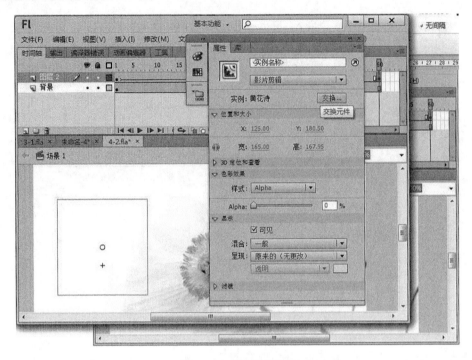

图 4-21　第 60 帧设置

（12）在第 40 帧到第 60 帧之间创建"传统补间动画"，形成淡出效果，如图 4-22 所示。

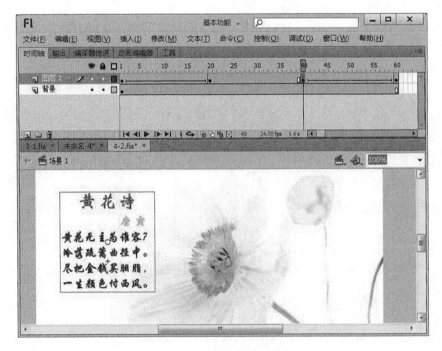

图 4-22　创建淡出补间动画

4.2.3　相关知识

1. 设置字母间距

字母间距会在字符之间插入统一数量的空格。可以使用字母间距调整选定字符或者整个文本的间距。

字距微调控制着字符之间的距离。许多字符都有内置字距微调信息。例如，I 和 U 之间的间距通常小于 1 和 D 之间的间距。若要使用字体的内置字距微调信息来调整字母间距，可以使用字距微调选项。

对于水平文本，间距和字距微调设置了字符间的水平距离。对于垂直文本，间距和字距微调设置了字符间的垂直距离，可以在 Flash 首选参数中将"不调整字距"选项设置为默认关闭。当在首选参数中关闭垂直文本的字距微调设置时，可以使该选项在"属性"面板中处于选中状态，这样字距微调就只适用于水平文本。

设置字母间距、字距微调的步骤如下：

单击"工具栏"中的"选择工具"按钮，在场景中选择已经输入的文本。

如果"属性"面板没有打开，可选择"窗口"→"属性"命令，将"属性"面板打开。单击"字母间距"文本框右侧的蓝色数字，可以输入文字间距值，也可以通过在数字上按住鼠标左键滑动的方式调整文字的间距。

2. 设置段落属性

"格式"即对齐方式，确定了段落中每行文本相对于文本块边缘的位置。水平文本相对于文本块的左侧和右侧边缘对齐，垂直文本相对于文本块的顶部和底部边缘对齐。文本可以与文本块的一侧边缘对齐（左对齐或右对齐），或者与文本块居中对齐，或者与文本块的两边缘对齐。

"边距"确定了文本块的边框和文本段落之间的间隔量。"缩进"确定了段落边界和首行开头之间的距离。对于水平文本，"缩进"将首行文本向右移动指定距离。对于垂直文本，"缩进"将首列文本向下移动指定距离。

"行距"确定了段落中相邻行之间的距离。对于垂直文本，"行距"用来调整各个垂直列之间的距离。

设置水平文本的对齐、边距、缩进和行距的步骤如下：

单击"工具栏"中的"选择工具"按钮，在场景中选择已经输入的文本，如果"属性"面板没有打开，可选择"窗口"→"属性"命令，将"属性"面板打开。

在"属性"面板中，要设置对齐方式，可单击"格式"右边的"左对齐"按钮、"居中对齐"按钮、"右对齐"按钮和"两端对齐"按钮，

要指定缩进，单击"间距"右侧的蓝色数字，可以输入缩进值，也可以通过在数字上按住鼠标左键滑动的方式调整缩进的大小。

要指定行距，单击"行距"右侧的键旁的蓝色数字，可以输入行距值，也可以通过在数字上按住鼠标左键滑动的方式调整行距的大小。

要设置左边距或右边距，单击"边距"右侧的（左边距或右边距旁）蓝色数字，可以

输入边距大小值，也可以通过在数字上按住鼠标左键滑动的方式调整边距的大小。

3. 静态文本的特有属性

Flash 中一些文本特性是静态文本独有的，只有在静态文本上才有效，在动态文本和输入文本中无法使用。

1）指定文本的方向和旋转

默认状态下，静态文本都是水平方向的，但可以通过"属性"面板的设置，使文本以垂直方向来展示。

2）设置字符的相对位置

字符位置用以决定后面字符相对于前面字符基线之上或之下的位置，使一些字符变为上标或下标，主要用于数学表达式、化学方程式及一些版权符号。

使用"文本工具"选中全部或部分文字，单击"切换上标"按钮可将文字放在基线之上或者基线的右边（垂直文本时）；单击"切换下标"按钮可将文字放在基线之下或者基线的左边（垂直文本时）。

3）使用消除锯齿功能

消除锯齿，通过巧妙地添加一些额外的像素点使文本虽然看起来有些模糊，但却使可读性和美感大为增强，文本看起来更干净。Flash 提供了增强的字体光栅化处理功能，可以指定字体的消除锯齿属性，对每个文本字段应用锯齿消除。默认情况下，静态文本都是经过消除锯齿处理的。

在"属性"面板的"字符"中，从"消除锯齿"下拉菜单中选择以下选项之一：

- 使用设备字体：该选项指定 SWF 文件使用本地计算机上安装的字体显示字体。
- 位图文本（不消除锯齿）：该选项会关闭消除锯齿功能，不对文本进行平滑处理，将用尖锐边缘显示文本，而且由于字体轮廓嵌入了 SWF 文件，从而增加了 SWF 文件的大小。位图文本的大小与导出大小相同时，文本比较清晰，但对位图文本缩放后，文本显示效果比较差。
- 动画消除锯齿：可创建较平滑的动画。由于 Flash 忽略对齐方式和字距微调信息，因此该选项只适用于部分情况。由于字体轮廓是嵌入的，因此指定"动画消除锯齿"会创建较大的 SWF 文件。

提示：使用"动画消除锯齿"呈现的字体在字号较小时会不太清晰。因此，建议在指定"动画消除锯齿"时使用 10 磅或更大的字号。

- 可读性消除锯齿：使用新的消除锯齿引擎，改进了字体（尤其是较小的字体）的可读性。由于字体轮廓是嵌入的，因此指定"可读性消除锯齿"会创建较大的 SWF 文件，为了使用"可读性消除锯齿"设置，必须将 Flash 内容发布为 Flash Player 11 或更高版本。

提示："可读性消除锯齿"可以创建清晰的字体，即使在字号较小时也是这样。

- 自定义消除锯齿，允许按照需要修改字体属性。自定义消除锯齿属性如下：
  - ◆ 清晰度：确定文本边缘与背景过渡的平滑度。
  - ◆ 粗细：确定字体消除锯齿转变显示的粗细，较大的值可以使字符看上去较粗。

4.3 案例 3——有声按钮

4.3.1 案例效果

本案例效果是在按下按钮后，按钮变成红色，并发出"叮咚"声，如图 4-23 所示。

图 4-23 案例效果

4.3.2 实现步骤

（1）设置大小为 500 像素×400 像素，背景颜色为白色，帧频为 24 fps，ActionScript 3.0，如图 4-24所示。

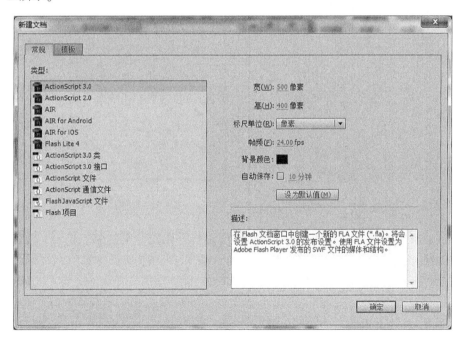

图 4-24 新建文档

（2）选择"文件"→"导入"→"导入到库"命令，弹出"导入到库"对话框，在该对话框中，选择要导入的声音文件，单击"打开"按钮，将声音导入，如图 4-25 所示。

图 4-25 "导入到库"对话框

（3）等声音导入后，就可以在"库"面板中看到刚导入的声音文件，今后可以像使用元件一样使用声音对象了，如图 4-26 所示。

（4）打开"库"面板，添加一个按钮，如图 4-27 所示，就进入这个按钮元件的编辑场景中，下面要将导入的声音加入这个元件。

图 4-26 "库"面板中的声音文件

图 4-27 添加按钮到库

（5）新插入一个图层，重命名为"音效"。选择该图层的第 3 帧，按【F7】键插入一个空白关键帧，然后将"库"面板中的"按钮音效"声音拖放到场景中，这样，"音效"图层从第 3 帧开始出现了声音的声波线，如图 4-28 所示。将声音从外部导入 Flash 中以后，时间轴并没有发生任何变化。必须引用声音文件，声音对象才能出现在时间轴上，才能进一步应用声音。

这时会发现"声音"图层第 3 帧出现一条短线，这其实就是声音对象的波形起始。

打开"属性"面板，将"同步"选项设置为"事件"，并且重复 1 次。这里必须将"同步"选项设置为"事件"，如果还是"数据流"同步类型，那么声效将听不到。给按钮加声效时一定要使用"事件"同步类型。

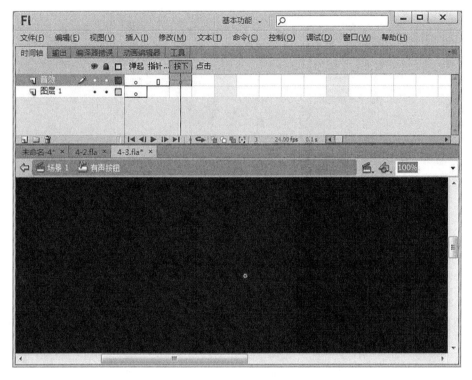

图 4-28 添加音效

（6）选中图层1的"弹起"帧，采用"工具栏"中的"矩形工具"绘制一个矩形填充蓝色，再采用"文本工具"输入"有声按钮"，文字颜色为白色，如图4-29所示。

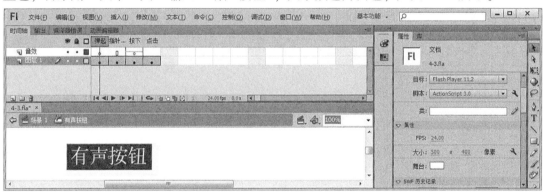

图 4-29 "弹起"帧

（7）选中图层1的"按下"帧，选中矩形填充红色，选中"有声按钮"文本，文字颜色为黄色，如图4-30所示。

（8）回到场景1，从库中拖入"有声按钮"元件到舞台，按【Ctrl+Enter】组合键运行，如图4-31所示。

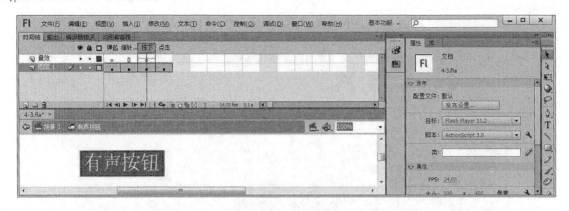

图 4-30 "按下"帧

图 4-31 完成

4.3.3 相关知识

Flash 提供了许多使用声音的方式，可以使声音独立于时间轴连续播放，也可以使动画与声音同步播放，还可以向按钮添加声音，使按钮具有更强的感染力。另外，通过设置淡入淡出效果还可以使声音更加优美。因此，Flash 对声音的支持已经由先前只追求实用转为目前的几近完美。

1. 导入声音到 Flash

只有将外部的声音文件导入 Flash 以后，作品中才能加入声音。Flash 中可直接导入 Flash 的声音文件格式主要有 WAV 和 MP3。另外，如果系统上安装了 QuickTime 4 或更高的版本，就可以导入 AIFF 格式和只有声音而无画面的 QuickTime 影片格式。

基本的导入步骤：导入声音到库——再从库中引用声音。

2. 声音属性设置和编辑

选择"声音"图层的第 1 帧，打开"属性"面板，可以发现"属性"面板中有很多设置和编辑声音对象的参数，如图 4-32 所示。

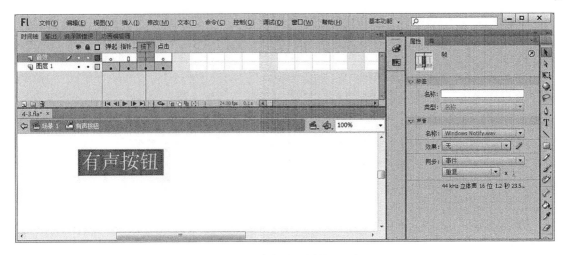

图 4-32 声音的"属性"面板

面板中各参数的意义如下：

"名称"选项：从中可以选择要引用的声音对象，这也是另一个引用库中声音的方法。

"效果"选项：从中可以选择一些内置的声音效果，比如声音的淡入、淡出等效果。

"编辑"按钮：单击这个按钮可以进入声音的编辑对话框中，对声音进行进一步的编辑。

"同步"选项：这里可以选择声音和动画同步的类型，默认的类型是"事件"类型。另外，还可以设置声音重复播放的次数。

引用到时间轴上的声音，往往还需要在声音的"属性"面板中对它进行适当的属性设置，才能更好地发挥声音的效果。下面详细介绍有关声音属性设置以及对声音进一步编辑的方法。

（1）"效果"选项。以下是对各种声音效果的解释：

● 无：不对声音文件应用效果，选择此选项将删除以前应用过的效果。

● 左声道/右声道：只在左或右声道中播放声音。

● 从左到右淡出/从右到左淡出：会将声音从一个声道切换到另一个声道。

● 淡入：会在声音的持续时间内逐渐增加其幅度。

● 淡出：会在声音的持续时间内逐渐减小其幅度。

● 自定义：可以使用"编辑封套"创建声音的淡入和淡出点。

（2）"同步"属性。打开"同步"下拉菜单，这里可以设置"事件"、"开始"、"停止"和"数据流"四个同步选项。

"事件"选项会将声音和一个事件的发生过程同步进行。事件与声音在它的起始关键帧开始显示时播放，并独立于时间轴播放完整的声音，即使 SWF 文件停止执行，声音也会继续播放。当播放发布的 SWF 文件时，事件与声音混合在一起。

"开始"与"事件"选项的功能相近，但如果声音正在播放，使用"开始"选项则不会播放新的声音实例。

"停止"选项将使指定的声音静音。

"数据流"选项将强制动画和音频流同步。与事件声音不同，音频流随着 SWF 文件的停止而停止。而且，音频流的播放时间绝对不会比帧的播放时间长。当发布 SWF 文件时，音频流混合在一起。

通过"同步"下拉列表框还可以设置"同步"选项中的"重复"和"循环"属性。为"重复"输入一个值，以指定声音应循环的次数，或者选择"循环"以连续重复播放声音。

（3）"编辑"按钮。单击该按钮可以利用 Flash 中的声音编辑控件编辑声音。虽然 Flash 处理声音的能力有限，无法与专业的声音处理软件相比，但是在 Flash 内部还是可以对声音做一些简单的编辑，实现一些常见的功能，比如控制声音的播放音量、改变声音开始播放和停止播放的位置等。

"编辑封套"对话框分为上下两部分，上面的是左声道编辑窗口，下面的是右声道编辑窗口，在其中可以执行以下操作：

要改变声音的起始和终止位置，可拖动"编辑封套"中的"声音起点控制轴"和"声音终点控制轴"，调整声音的起始位置。

在对话框中，白色的小方框成为节点，用鼠标上下拖动它们，改变音量指示线垂直位置，这样可以调整音量的大小，音量指示线位置越高，声音越大，单击编辑区，在单击处会增加节点，用鼠标拖动节点到编辑区的外边，单击"放大"或"缩小"按钮，可以改变窗口中显示声音的范围。

要在秒和帧之间切换时间单位，单击"秒"和"帧"按钮。

单击"播放"按钮，可以试听编辑后的声音。

3. 压缩声音

Flash 动画在网络上流行的一个重要原因就是因为它的体积小，这是因为当输出动画时，Flash 会采用很好的方法对输出文件进行压缩，包括对文件中的声音的压缩。如果对压缩比例要求很高，那么应该直接在"库"面板中对导入的声音进行压缩。

在"声音属性"对话框中，可以对声音进行"压缩"，在"压缩"下拉菜单中有"默认"、"ADPCM"、"MP3"、"原始"和"语音"压缩模式。

（1）默认进行 MP3 压缩设置。如果要导出一个以 MP3 格式导入的文件，可以使用与导入时相同的设置来导出文件，在"声音属性"对话框中，从"压缩"下拉列表中选择"MP3"选项，选择"使用导入的 MP3 品质"复选框。

这是一个默认的设置，如果不在"库"里对声音进行处理的话，声音将以这个设置导出。

如果不想使用与导入时相同的设置来导出文件，那么可以在"压缩"下拉列表中选择"MP3"选项后，只要取消对"使用导入的 MP3 品质"复选框的选择，就可以重新设置 MP3 压缩设置了。

（2）设置比特率。"比特率"选项可确定导出的声音文件中每秒播放的位数。Flash 支持 8~160 Kbit/s（恒定比特率）的比特率。

（3）设置"预处理"选项。选择"将立体声转换为单声道"复选框，表示将混合立体声转换为单声（非立体声）。这里需要注意的是，"预处理"选项只有在选择的比特率为

20 Kbit/s或更高时才可用。

（4）设置"品质"选项。选择一个"品质"选项，以确定压缩速度和声音品质：

- 快速：压缩速度较快，但声音品质较低。
- 中：压缩速度较慢，但声音品质较高。
- 最佳：压缩速度最慢，但声音品质最高。

4.4　案例 4——导入视频

4.4.1　案例效果

本案例导入一个视频文件，格式为 FLV，选择使用播放组件加载外部视频，运行效果如图 4-33 所示。

图 4-33　案例效果

4.4.2　实现步骤

（1）新建文档，选择"文件"→"导入"→"导入视频"菜单命令，弹出"导入视频"对话框，如图 4-34 所示。

（2）单击"文件路径"文本框后面的"浏览"按钮，弹出"打开"对话框，在对话框中选中要导入的视频文件"爆轨机.flv"，如图 4-35 所示。

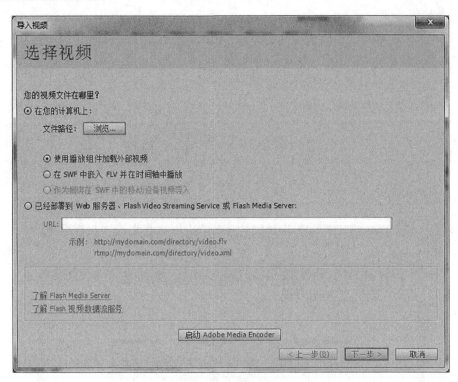

图 4-34　"导入视频"对话框

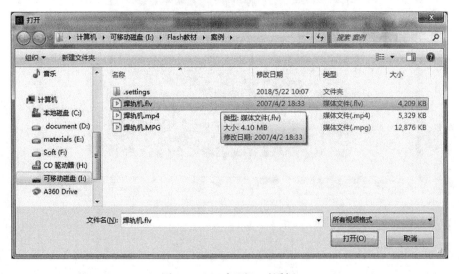

图 4-35　"打开"对话框

（3）选中要导入的视频，单击"打开"按钮，返回"导入视频"对话框的"选择视频"界面，已经选择了视频文件，完成之后在文件路径后面的文本框就会显示视频文件的路径，单击"下一步"按钮，进入"设定外观"界面，如图 4-36 所示。

（4）在"设定外观"界面中设置完成以后，单击"下一步"按钮，进入"完成视频导入"界面，如图 4-37 所示。

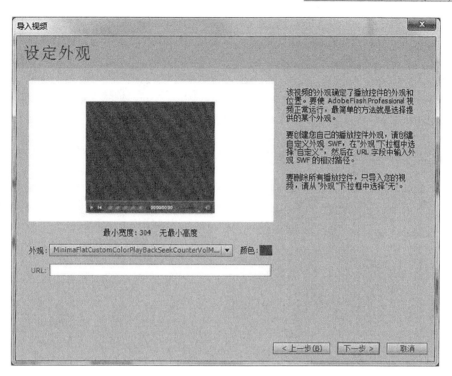

图 4-36　"设定外观"界面

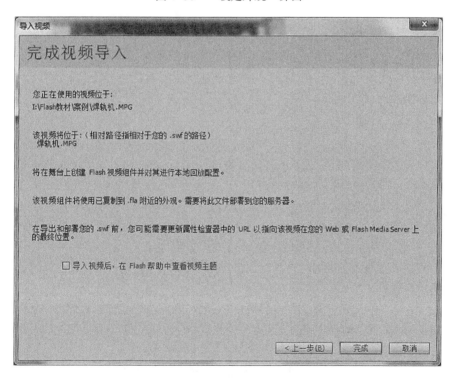

图 4-37　"完成视频导入"界面

（5）单击"完成"按钮，即可将视频导入到舞台，如图4-38所示。

图 4-38　导入视频

4.4.3　相关知识

Flash CS6 可以将视频镜头融入基于 Web 的演示文稿。FLV 和 F4V（H. 264）视频格式具备技术和创意优势，允许视频、数据、图形、声音和交互式控制融为一体。FLV 或 F4V 视频让您可以轻松地将视频以几乎任何人都可以看的格式发布在网页上。

1. 视频的格式

常见的视频格式有以下几种。

（1）MPEG/MPG/DAT。MPEG 是 Motion Picture Experts Group 的缩写。这类格式包括了 MPEG-1、MPEG-2 和 MPEG-4 在内的多种视频格式。MPEG-1 目前正被广泛地应用在 VCD 的制作和一些视频片段下载的网络应用上，大部分的 VCD 都是用 MPEG-1 格式压缩的（刻录软件自动将 MPEG-1 转为 .DAT 格式），使用 MPEG-1 的压缩算法，可以把一部两小时的电影压缩到 1.2GB 左右。MPEG-2 则是应用在 DVD 的制作，同时在一些 HDTV（高清晰电视广播）和一些高要求视频编辑、处理方面也有相当多的应用。使用 MPEG-2 的压缩算法压缩一部两小时的电影可以压缩到 5~8GB 的大小（MPEG-2 的图像质量是 MPEG-1 无法比拟的）。

（2）AVI。AVI 是音频视频交错（Audio Video Interleaved）的英文缩写。AVI 由微软公司发布的视频格式，是最悠久、最广泛的视频格式之一。AVI 格式调用方便、图像质量好、压缩标准可任意选择。

（3）MOV。QuickTime 原本是 Apple 公司用于 Mac 计算机上的一种图像视频处理软件。QuickTime 提供了两种标准图像和数字视频格式，即可以支持静态的 *.pic 和 *.tif 图像格式，动态的基于 Intel video 压缩法的 *.mov 和基于 MPEG 压缩法的 *.mpg 视频格式。

（4）ASF。ASF（Advanced Streaming format，高级流格式）是 Microsoft 为了和 Real player 竞争而发展出来的一种可以直接在网上观看视频节目的文件压缩格式。ASF 使用了 MPEG4 的压缩算法，压缩率和图像的质量都很不错。因为 ASF 是以一个在网上及时观赏的视频"流"格式存在的，所以它的图像质量比 VCD 差一点，但比同是视频"流"格式的 RAM 格式要好。

（5）WMV。一种独立于编码方式的，在 Internet 上实时传播多媒体的技术标准，Microsoft 公司希望用其取代 QuickTime 之类的技术标准以及 WAV、AVI 之类的文件扩展名。WMV 的主要优点在于：可扩充的媒体类型、本地或网络回放、可伸缩的媒体类型、流的优先级化、多语言支持、扩展性等。

（6）NAVI。NAVI 是 New AVI 的缩写，是由名为 Shadow Realm 的组织发展起来的一种新视频格式。它是由 Microsoft ASF 压缩算法的修改而来的（并不是想象中的 AVI），视频格式追求的无非是压缩率和图像质量，NAVI 为了追求这个目标，改善了原始的 ASF 格式的一些不足，让 NAVI 可以拥有更高的帧率。NAVI 是一种去掉视频流特性的改良型 ASF 格式。

（7）3GP。3GP 是一种 3G 流媒体的视频编码格式，主要是为了配合 3G 网络的高传输速度而开发的，也是目前手机中最为常见的一种视频格式。

该格式是"第三代合作伙伴项目"（3GPP）制定的一种多媒体标准，使用户能使用手机享受高质量的视频、音频等多媒体内容。其核心由包括高级音频编码（AAC）、自适应多速率（AMR），MPEG-4 和 H.263 视频编码解码器等组成，目前大部分支持视频拍摄的手机都支持 3GPP 格式的视频播放。

（8）REAL VIDEO。REAL VIDEO（RA，RAM）格式一开始就定位在视频流应用方面，也可以说是视频流技术的创始者。它可以用在 56KModem 拨号上网的条件下实现不间断的视频播放，其图像质量比 MPEG2、DIVX 差。毕竟要实现在网上传输连续的视频需要很大的带宽，此格式在这方面是 ASF 的有力竞争者。

（9）MKV。一种扩展名为 MKV 的视频文件频繁出现在网络上，它可在一个文件中集成多条不同类型的音轨和字幕轨，而且其视频编码的自由度也非常大，可以是常见的 DivX、XviD、3IVX，甚至可以是 RealVideo、QuickTime、WMV 这类流式视频。实际上，它是一种全称为 Matroska 的新型多媒体封装格式，这种先进的、开放的封装格式已经给人们展示出非常好的应用前景。

（10）FLV。FLV 是 Flash Video 的简称，FLV 流媒体格式是一种新的视频格式。由于它形成的文件极小、加载速度极快，使得网络观看视频文件成为可能。它的出现有效地解决了视频文件导入 Flash 后，使导出的 SWF 文件体积庞大，不能在网络上很好地使用等缺点。

2. 视频的导入

（1）用回放组件加载外部视频。使用该方法导入视频文件时，FLV 或 F4V 文件都是自包含文件，它的运行帧频与该 SWF 文件中包含的所有其他时间轴帧频可以不同，而且支持较大的视频文件，是最为普遍的视频导入方式。

可以选择位于本地计算机上的视频剪辑，也可以输入已上载到 Web 服务器或 Flash Media Server 的视频的 URL。若要导入本地计算机上的视频，设置为"用回放组件加载外部视频"。

若要导入已部署到 Web 服务器、Flash Media Server 或 FVSS 的视频，设置为"已经部署到 Web 服务器、Flash Video Streaming Service 或 Stream From Flash Media Server"，然后输入视频剪辑的 URL。

注意：位于 Web 服务器上的视频剪辑的 URL 将使用 HTTP 通信协议；位于 Flash Media Server 或 Flash Streaming Service 上的视频剪辑的 URL 将使用 RTMP 通信协议。

可以选择视频剪辑的外观。

.FLVPlayback 组件的外观可以选择"无"，即不设置 FLVPlayback 组件的外观；或是选择一个预定义的 FLVPlayback 组件外观。Flash 会将外观文件复制到 FLA 文件所在的文件夹。

也可以不用软件自带的外观，输入 Web 服务器上的外观的 URL，选择自己设计的自定义外观。当然，Web 服务器上的资源如果不稳定，不建议使用该选项。

在外观选择框右侧，还有一个颜色选择框，通过它还可以设置视频外观的颜色。

（2）在 SWF 文件中嵌入视频。将持续时间较短的小视频文件直接嵌入 Flash 文档中，将其作为 SWF 文件的一部分发布。视频被放置在时间轴中，可以在此查看在时间轴中表示的单独视频帧。这种导入方式对视频源有一定要求，其局限如下：

- 不支持较长的视频文件（长度超过 10s）通常在视频剪辑的视频和音频部分之间存在同步问题。一段时间以后，音频轨道的播放与视频的播放之间开始出现差异，导致不能达到预期的收看效果。
- 若要播放嵌在 SWF 文件中的视频，必须先下载整个视频文件，然后再开始播放该视频。如果嵌入的视频文件过大，则可能需要很长时间才能下载完整个 SWF 文件，然后才能开始回放。
- 导入视频剪辑后，便无法对其进行编辑，必须重新编辑和导入视频文件。
- 在通过 Web 发布 SWF 文件时，必须将整个视频都下载到观看者的计算机上，然后才能开始视频播放。
- 在运行时，整个视频必须放入播放计算机的本地内存中。
- 导入的视频文件的长度不能超过 16 000 帧。
- 视频帧速率必须与 Flash 时间轴帧速率相同。设置 Flash 文件的帧速率以匹配嵌入视频的帧速率。

将视频嵌入 SWF 文件要先选择本地计算机上要导入的视频剪辑。然后选择"在 SWF 中嵌入 FLV 并在时间轴上播放"。

嵌入的视频：如果要使用在时间轴上线性播放的视频剪辑，那么最合适的方法就是将该视频导入时间轴。

影片剪辑：良好的习惯是将视频置于影片剪辑实例中，获得对内容的最大控制。

视频的时间轴独立于主时间轴进行播放。不必为容纳该视频而将主时间轴扩展很多帧，这样做会导致难以使用 FLA 文件。

图形：将视频剪辑嵌入为图形元件时，无法使用 ActionScript 与该视频进行交互。通常，图形元件用于静态图像以及用于创建一些绑定到主时间轴的可重用的动画片段。

选好符号类型后，完成视频导入视频剪辑会直接导入舞台中，默认情况下，Flash 会扩展时间轴，以适应要嵌入的视频剪辑的回放长度。

（3）设置视频文件属性。利用属性检查器，可以更改舞台上嵌入的视频剪辑实例的属性，为实例分配一个实例名称，并更改此实例在舞台上的宽度、高度和位置。还可以交换视频剪辑的实例，即为视频剪辑实例分配一个不同的元件。为实例分配不同的元件会在舞台上显示不同的实例，但是不会改变所有其他的实例属性（如尺寸和注册点）。

"视频属性"对话框中，可执行以下操作：

- 查看有关导入的视频剪辑的信息，包括名称、路径、创建日期、像素尺寸、长度和文件大小。
- 更改视频剪辑名称。
- 更新视频剪辑（如果在外部编辑器中修改视频剪辑）。
- 导入 FLV 或 F4V 文件以替换选定的剪辑。
- 将视频剪辑导出为 FLV 或 F4V 文件。

小　结

Flash 中的文本分为静态文本、动态文本和输入文本三种类型。尽管这三类文本都是由工具栏中的文本工具创建的，但三者有着极大的区别。静态文本操作主要为：设置字体、样式、大小、颜色、段落等，同时还具有一些动态文本不具有的特有属性，如文本的方向和旋转、字符的相对位置和消除锯齿等功能。

动态文本和输入文本也有一些独有的特性，即只有在动态文本或输入文本条件下才能使用，比如设置行为、边框、设置实例名和变量。

由于 Flash 不可能完成所有的事情，获取外部数据的支持就不可避免。本章主要介绍如何获取外部的图形、图像和视频。Flash 支持的音频和视频格式较多，支持最常见的 WAV、MP3 音频格式和 MPEG-1、MPEG-2、MPEG-4，更多的格式需要在本地安装相应的解码器来支持。

实　战　演　练

（1）新建一个 Flash 文档，制作光线文字，"HTCRH"几个字母随着光线的照射，依次从左到右闪现。

（2）新建一个 Flash 文档，制作"祝你生日快乐"的打字动画。

（3）自选一首喜欢的歌曲的 MP3 文件，再用手机录制一段视频，然后根据声音进度添加字幕。

第5章 Flash CS6基本动画制作

动画是对象的尺寸、位置、颜色与形状随着时间发生变化的过程。在 Flash 中，有逐帧动画和补间动画两种基本的动画形式。逐帧动画通过连续地制作每一帧的内容，类似于电影胶片的播放，可以实现比较细腻的动画效果；而补间动画只需更改时间轴中某一帧或者某几帧的内容，可就可以实现在舞台上移动对象，更改颜色、旋转、淡入淡出、更改形状等动画效果。

无论多么复杂的 Flash 动画，都是由基本的、简单的动画组合而成。通过本章的学习需掌握基本的动画制作技巧，为进一步学习高级 Flash 动画制作打下基础。本章将学习以下内容：

（1）动画的基本概念。

（2）逐帧动画。

（3）运动补间动画。

（4）形状补间动画。

5.1　案例 1——晨曦效果

5.1.1　案例效果

本案例为创建一个 Flash 动画，将图形元件由暗到明显示出来，实现渐渐天亮的晨曦效果，如图 5-1 所示。

图 5-1　晨曦效果

5.1.2　实现步骤

（1）素材：晨曦图片（配套素材目录，\ 第 5 章 \ 晨曦. tif）。

（2）新建 flash 文档（ActionScript 3.0，默认参数）。

（3）选择"文件"→"导入"→"导入到库"命令，将"晨曦"的图片素材导入到库中。

（4）在时间轴的第 1 帧插入关键帧（按【F6】键），将"晨曦"图形元件拖入舞台，设置图片大小 550 像素×400 像素，位置与舞台重合。

（5）在第 30 帧插入关键帧，将"晨曦"图形元件的亮度设为 5。

（6）返回第 1 帧，将图形元件亮度设置为−80。

（7）在第 1 帧右击，在弹出的快捷菜单中选择"创建传统补间"命令，创建动画效果，如图 5-2 所示。

（8）新增一个图层，在 30 帧插入空白关键帧，输入动作脚本"stop ()"，如图 5-3 所示。

（9）按【Ctrl+Enter】组合键测试影片，观看渐渐天亮的晨曦效果（见图 5-1）。

图 5-2　创建传统补间动画

图 5-3　加入动作脚本

5.1.3 相关知识

1. 动画概述

动画是采用逐帧拍摄对象并连续播放而形成运动的影像技术，是一种综合艺术，它是集合了绘画、漫画、电影、数字媒体、摄影、音乐、文学等众多艺术门类于一身的艺术表现形式。动画是一门幻想艺术，更容易直观表现和抒发人们的感情，扩展了人类的想象力和创造力。

广义而言，把一系列静止对象，经过影片的制作与放映，变成会活动的影像，即为动画。它的基本原理与电影、电视一样，都是视觉暂留原理。医学证明人类具有"视觉暂留"的特性，人的眼睛看到一幅画或一个物体后，在一定的时间内不会消失。利用这一原理，在一幅画还没有消失前的 1/24s 以内播放下一幅画，就会给人造成一种流畅的视觉变化效果。多幅画面通过有序播放使人们的眼睛感觉到画面在运动，给人带来流畅的动态视觉效果享受。正是利用了视觉暂留这一特性，动画制作者创作出了一个又一个经典动画片，如"黑猫警长""大闹天宫""猫和老鼠"等。

2. Flash 动画概述

1）Flash 动画的制作过程

一个简单的 Flash 动画的制作过程一般需要经过素材准备、元件制作、在时间轴上合理地添加图层与帧，并对帧进行编辑与命令、最后在场景中进行组装测试等几个步骤来完成。

2）Flash 动画的类型

Flash 动画的四大主要类型是遮罩动画、引导动画、补间动画、逐帧动画。Flash 动画可以说是"遮罩动画+引导动画+补间动画+逐帧动画"与元件、影片剪辑的混合，通过这些元素的不同组合，从而创建千变万化的动画效果。

3）Flash 帧的播放

Flash CS6 可以运用时间轴中的"帧"将一个个静止的画面有序地排列在一起，形成动画；Flash CS6 还可以在时间轴中构造逐帧动画，按时间顺序从时间轴中指定图层的第 1 帧开始排列一系列的动画素材。如果想知道动画播放的时间长度，可以通过计算帧的个数来实现。Flash CS6 的默认帧率为每秒 24 帧，因此若整个动画在时间轴中播放的帧长度为 48 帧，则动画可以播放 2s；若将帧率设置为 48 fps/s，那么刚刚的动画则只能播放 1s。目前电影的帧频率一般为 24 fps/s、25 fps/s 或 30 fps/s，如果低于这个频率那么人们在观看电影时就会感觉到停顿从而影响视觉效果。当然，出现视频卡顿的情况除了与帧率有关还与主机的配置、传输媒介、网速等因素有关。

5.2 案例 2——逐帧动画之"奔跑的马"

5.2.1 案例效果

Flash 通过逐帧播放"奔马"系列图片，连续播放的效果看起来像一匹马在动画场景中奔跑，实现了"奔跑的马"的动画效果，如图 5-4 所示。

图 5-4　逐帧动画之"奔跑的马"

5.2.2　实现步骤

（1）素材："奔跑的马"系列图片（配套素材目录，第 5 章 \ 5-2 \ ）。

为后续制作逐帧动画方便，可以预先为图片编号，如第一张命名为 1.png，第二张命名为 2.png，……，如图 5-5 所示。

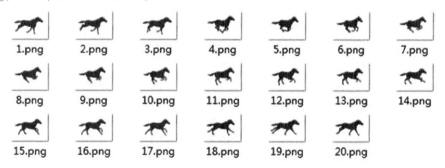

图 5-5　"奔跑的马"系列图片

（2）新建 Flash 文档（ActionScript 3.0，默认参数）。

（3）选择"文件"→"导入"→"导入到库"命令，将"奔跑的马"系列图片（20张）导入到库中，如图 5-6 所示。

（4）制作逐帧动画：

①在时间轴选择第 1 帧，按【F6】键插入关键帧。

②从库中将"奔跑的马"第 1 张图片"1.png"拖到场景中。

③重复以上步骤，分别将库中的图片 2.png、3.png……20.png 插入第 2～20 帧中，过程如图 5-7 所示。

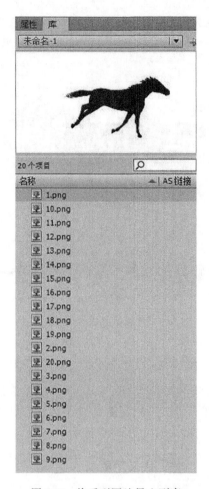

图 5-6　将系列图片导入到库

图 5-7　创建逐帧动画的过程

（5）按【Enter】键播放影片，按【Ctrl+Enter】组合键测试影片。可以看到，Flash 通过逐帧播放连续的"奔马"图片，实现了"奔跑的马"的动画效果。

（6）如果感觉动画播放速度太快，可以考虑在各关键帧后适当插入空白帧（按【F5】键），控制播放节奏，如图 5-8 所示。

图 5-8　插入空白帧控制动画速度

5.2.3　相关知识

1. 逐帧动画的原理及概念

逐帧动画（Frame By Frame）的原理与电影播放原理相似，即在连续的关键帧中分解动画动作，也就是每一帧中的内容不同，连续播放而成动画。

由于每一帧的内容都是独立地绘制出来的，所以逐帧动画具有很好的灵活性及连贯性，能够充分展示动画对象的连续动作，表现很细腻的变化，如机械运动、自然现象、人物动作等效果。但由于逐帧动画每一帧的内容都需要独立绘制，绘制的工作量大，并且最终输出的动画文件也较大。

逐帧动画在时间帧上表现为连续出现的关键帧，如图 5-4 所示。通过在时间帧上逐帧绘制帧内容，可以表现丰富而细腻的动画效果。

2. 创建逐帧动画的几种方法

1）用导入的静态图片建立逐帧动画

用 jpg、png 等格式的静态图片连续导入 Flash 中，就会建立一段逐帧动画。

2）绘制矢量逐帧动画

用鼠标或压感笔在场景中一帧帧地画出帧内容。

3）文字逐帧动画

用文字制作帧中的元件，实现文字跳跃、旋转等特效。

4）指令逐帧动画

在时间轴上，逐帧写入动作脚本语句来完成元件的变化。

5）导入序列图像

可以导入 gif 序列图像、swf 动画文件或者利用第三方软件产生的动画序列。

5.3 案例 3——逐帧动画之"毛笔写字"

5.3.1 案例效果

动画场景中一支毛笔欢快地跳动，文字随着笔尖一笔一笔被"写"出，如图 5-9 所示。

图 5-9　逐帧动画之"毛笔写字"

5.3.2 实现步骤

（1）素材："毛笔 . png"图片（配套素材目录，第 5 章 \ ）。

（2）新建 Flash 文档，在文档空白处右击，在弹出的快捷菜单中选择"文档属性"命令，将舞台大小设置为 500 像素×200 像素，如图 5-10 和图 5-11 所示。

图 5-10　"文档属性"命令

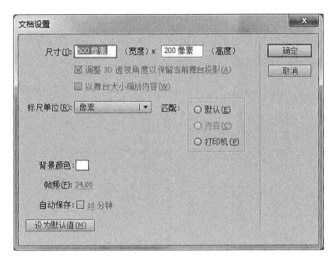

图 5-11 设置舞台大小

（3）使用文本工具在舞台中间写出文字（华文隶书、100 点、黑色，如图 5-12 所示）。

图 5-12 设置字体参数

（4）选择文字，选择"文本"→"样式"→"仿粗体"命令将字体加粗；连续执行"修改"→"分离"命令两次（【Ctrl+B】组合键）将文本打散成为图形，如图 5-13 所示。

图 5-13 打散文字

（5）在时间轴上复制第1帧，粘贴到第2帧、第3帧……一直到第50帧（也可以同时选择多个帧，按【F6】键一次性复制），如图5-14所示。

图5-14　复制关键帧

（6）编辑第1帧内容，仅仅保留第一个英文字母的第一笔；编辑第2帧内容，保留到第二笔，第3帧内容保留到第三笔……，一直到完成整个文字的书写。完成后时间轴显示第4帧效果，如图5-15所示。

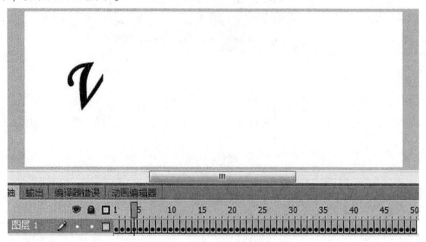

图5-15　逐帧编辑文字内容

（7）选择"文件"→"导入"→"导入到库"命令，将"毛笔.png"导入到库中，如图 5-16 所示。

图 5-16　导入"毛笔.png"到库

（8）图层 1 命名为"文字"。新建图层 2，命名为"毛笔"，将"毛笔"元素拖入第 1 帧，用"选择工具"和"任意变形工具"调整好毛笔位置，如图 5-17 所示。

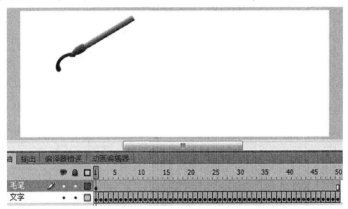

图 5-17　将"毛笔"拖入场景并调整位置

（9）在"毛笔"图层的第 2 帧按【F6】键，复制第 1 帧的内容并适当调整毛笔位置。依次处理第 3 帧、第 4 帧……直到 50 帧。

（10）按【Ctrl+Enter】组合键测试动画效果，如图 5-9 所示。可以看到一支毛笔欢快地跳动，逐笔"写"出优美的艺术文字。

5.3.3　相关知识

此逐帧动画包含两个图层，第一个图层表现的是"毛笔"，第二个图层表现的是"文字"。在具体的动画制作过程中，可以先用文字工具写出文字，然后在 Flash 场景中打散成图形，在每一关键帧的制作过程中，通过编辑图形内容删除多余的笔画，仅仅保留为展示每一帧的"写字"效果所需的笔画。随着"文字"层各关键帧的变化，"毛笔"层对象的位置随之变化，整体动画效果看起来就像是毛笔"写"出了这些文字。

5.4　案例4——简单运动补间之"下落的小球"

5.4.1　案例效果

一个小球从舞台正上方匀速下落,一直落到舞台的正下方。运动补间动画效果如图5-18所示。

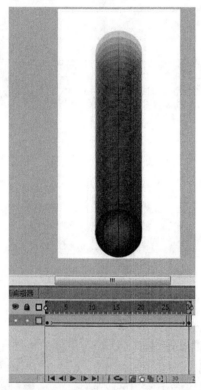

图5-18　创建运动补间动画(绘图纸外观效果)

5.4.2　实现步骤

(1)素材:"小球.png"图片(配套素材目录,第5章\)。

(2)新建 Flash 文档(ActionScript 3.0, 200 像素×400 像素)。

(3)选择"文件"→"导入"→"导入到库"命令,将"小球.png"导入到库中。

(4)在时间轴的第1帧插入关键帧(按【F6】键),将"小球"元件拖到舞台的上部位置,如图5-19所示。

(5)在第30帧插入关键帧,将"小球"实例拖动到舞台的靠下位置(可按住【Shift】键以保证运动轨迹垂直),如图5-20所示。

(6)在第1帧上右击,在弹出的快捷菜单中选择"创建传统补间"命令,如图5-21所示。

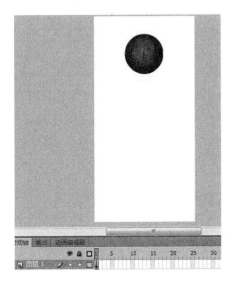

图 5-19　"小球"初始位置

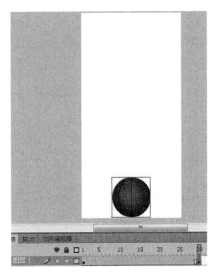

图 5-20　"小球"结束位置

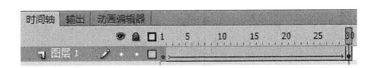

图 5-21　创建补间动画

（7）按【Enter】键播放影片，观看垂直落下的小球动画效果。

（8）单击时间轴下面的开关按钮，打开绘图纸外观功能，可查看补间变化情况，如图 5-18所示。

5.4.3　相关知识

1. 运动补间的概念和原理

补间动画是一种非常有效的动画创建方式，它可以使帧中的内容随时间的推移发生移动或变形。补间动画分为两种：一种是形状补间动画，另一种是运动补间动画。创建补间动画时，只要确定开始和结尾两个关键帧中的对象，不必像逐帧动画那样在每个关键帧中都要绘制对象，缩短了动画的创作时间。因为 Flash 只保存了变化的信息，而不是每个过渡帧的图形，所以动画生成的文件比较小。

运动补间动画又称动画补间动画，是以元件为基本元素，通过定义元件实例在某帧的属性，并在另一帧改变属性，并由 Flash 补间两帧之间的变化的动画形式。运动补间动画可以实现对象的移动、对象的缩放、对象的旋转、对象颜色及透明度的变化等，这些效果可以单独使用，也可同时使用。

2. 传统补间动画

Flash CS4 之前的各个版本创建的补间动画都称为传统补间动画，在 Flash CS6 中，同样可以创建传统补间动画。当需要在动画中展示移动位置、改变大小、旋转、改变色彩等效果时，就可以使用传统补间动画。在制作动作补间动画时，用户只需要对最后一个关键帧的对象属性进行改变，中间的变化过程即可自动形成。

3. 补间动画

相对于传统补间动画，补间动画是 Flash CS6 中的一种新动画类型，这种补间动画类型具有功能强大且操作简单的特点，用户可以对动画中的补间进行最大限度的控制。

Flash CS6 中的"补间动画"模型是基于对象的，它将动画中的补间直接应用到对象，而不是像传统补间动画那样应用到关键帧，Flash 能够自动记录运动路径并生成有关的属性关键帧。

补间动画只能应用于影片剪辑元件，如果所选择的对象不是影片剪辑元件，则 Flash 会给出提示对话框，提示将其转换为元件。只有转换为元件后，该对象才能创建补间动画。

创建补间动画的一般步骤：

（1）创建元件，也可以由图形转换为元件。

（2）将元件放入动画的起始点关键帧。

（3）单击关键帧，选择"插入"→"补间动画"命令，或者右击，在弹出的快捷菜单中选择"创建补间动画"命令。

（4）拖动补间尾部至动画所需的末尾帧处，改变舞台上对象的属性，则 Flash 将自动创建末尾关键帧。

传统补间动画和补间动画的区别在于，传统补间是两个对象生成一个补间动画，而补间动画是一个对象的两个不同状态生成一个补间动画。

5.5　案例 5——复杂运动补间之"拍球"

5.5.1　案例效果

"小球"被"手"拍打一下后落在"地面"上，反弹至一定高度落下，多次反弹、下落，反弹的高度越来越小，最后不再反弹，从"地面"滚落到舞台的一侧，如图 5-22 所示。

图 5-22　复杂运动补间之"拍球"

5.5.2　实现步骤

（1）新建 Flash 文档（ActionScript 3.0，默认参数）。

（2）选择"文件"→"导入"→"导入到库"命令，将"手.png""小球.png"等素材导入到库中（配套素材目录，第 5 章 \ ），按【F8】键将两张位图转换成图形元件，分别命名为"手""小球"。

（3）新建三个图层，从上到下依次命名为"手""小球""地面"；在每个图层的第 1帧插入关键帧（按【F6】键）；将"手""小球"依次拖入相应图层，并将它们调整到舞台的适当位置，如图 5-23 所示。

（4）选择"地面"图层，使用矩形工具，设置适当的颜色，笔触 5，样式"点刻线"，绘制"地面"对象，使用选择工具选择并删除多余的毛刺，如图 5-24 所示。

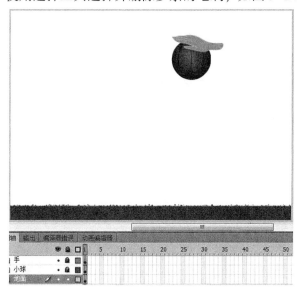

图 5-23　对象的初始位置

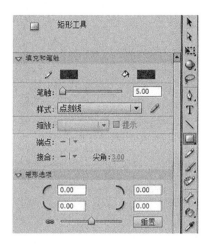

图 5-24　用矩形工具绘制地面

（5）分别在相应图层的第 8 帧插入关键帧，调整"手"和"球"的状态，形成"拍球"的效果；在"地面"图层的第 80 帧插入普通帧，延展"地面"对象的动画效果至第80 帧，如图 5-25 所示。

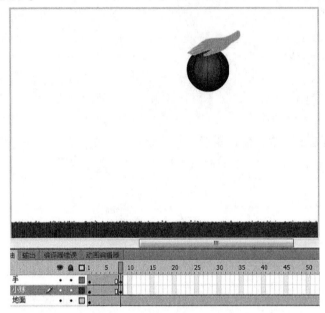

图 5-25　第 8 帧动画设置

（6）在第 2 个图层的第 16 帧插入关键帧，将"小球"对象的位置移动到地面上（按住【Shift】键保证垂直移动）；在第 1 个图层的第 18 帧插入关键帧，调整"手"对象的透明度 Alpha 为 0，如图 5-26 所示。

图 5-26　设置对象透明度

（7）分别在第 1、第 2 图层的第 8 帧右击，在弹出的快捷菜单中选择"创建传统补间"命令，创建传统补间动画，效果如图 5-27 所示。

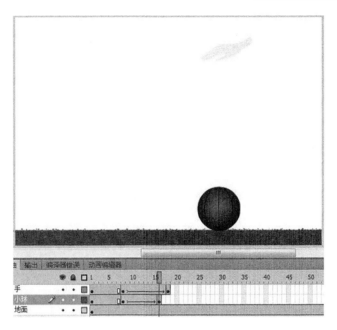

图 5-27　创建传统补间动画

（8）在第 2 图层的第 22 帧插入关键帧，将"小球"对象移动至初始位置略低的位置，在第 16 帧创建传统补间动画，实现一次小球反弹效果。

（9）分别在第 2 图层的第 30、37、44、49、54、57、60 帧插入关键帧并创建传统补间动画，适当调整"小球"对象的位置，实现 4 次小球下落和 3 次小球反弹运动效果；在第 61 帧和第 80 帧插入关键帧并创建传统补间动画，适当调整"小球"对象的位置，实现小球滚动的效果，如图 5-28 所示。

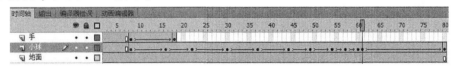

图 5-28　连续的运动补间

（10）按【Enter】键播放动画，或按【Ctrl+Enter】组合键测试影片，观看动画效果，分析时间轴各帧对象的属性及位置的变化，对于不满意之处做适当修改，完成动画制作。

5.5.3　相关知识

分析"拍球"动画案例，可以看出，动画包含三个图层、三个对象：第一个图层是"手"，第二个图层是"小球"，第三个图层是"地面"。小球被拍打一下后落在地面上，反弹再落下，高度越来越低，最后从地面滚到舞台的另一侧。在这个案例中，综合运用了多个图层、多个关键帧，多个运动补间动画。其中通过设置图形元件的透明度 Alpha 属性，实现了"手"型元件的淡入淡出；通过连续创建运动补间动画，展现了"小球"对象在不同的运动阶段反弹、下落的复杂运动。

5.6 案例6——简单形状补间动画

5.6.1 案例效果

动画舞台中一个蓝色的圆形逐渐变大。同时，它的颜色由蓝色变成绿色，如图5-29所示。

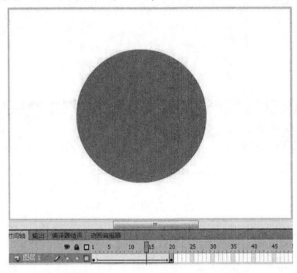

图 5-29 简单形状补间动画

5.6.2 实现步骤

（1）新建 Flash 文档（ActionScript 3.0，默认参数）。

（2）在第1帧插入关键帧。按住【Shift】键，用椭圆工具在舞台中央绘制一个蓝色的较小的圆，如图5-30所示。

（3）在第20帧插入关键帧，用任意变形工具将原来的小圆变成一个较大的圆，同时将颜色改成绿色，如图5-31所示。

图 5-30 初始帧绘制较小蓝色圆

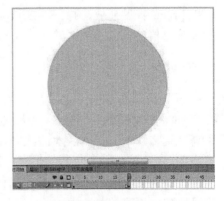

图 5-31 结束帧绘制较大绿色圆

（4）在第1帧右击，在弹出的快捷菜单中选择"创建补间形状"命令，创建形状补间动画，如图5-32所示。

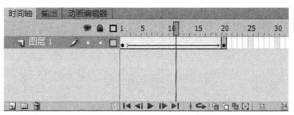

图 5-32 创建形状补间动画

（5）播放、测试 Flash 动画，观看形状补间动画效果。可以看到，舞台中蓝色的小圆逐渐变大，颜色逐渐改变，最后变成一个绿色的大圆。

5.6.3 相关知识

形状补间动画以图形为基本元素，由一种图形变形成另一种图形，也可以补间形状的位置、大小、颜色和透明度等变化。形状补间动画与运动补间动画的不同在于动画的对象。运动补间动画的动画对象是元件，而形状补间动画的动画对象是图形。

形状补间只对舞台上存在的形状起作用，而无法对元件实例、文本、位图等对象进行形状补间。在对这些对象进行形状补间之前，必须选择"修改"→"分离"命令将其打散为图形。

5.7 案例 7——兔子变形动画

5.7.1 案例效果

舞台中间出现一个"兔"字，逐渐变形成为一只兔子，如图5-33所示。

图 5-33 兔子变形动画

5.7.2　实现步骤

（1）新建 Flash 文档（ActionScript 3.0，默认参数）。

（2）在第 1 帧插入关键帧，用文字工具输入一个"兔"字（大小：200 点；字体：幼圆；颜色：橙色），如图 5-34 所示。

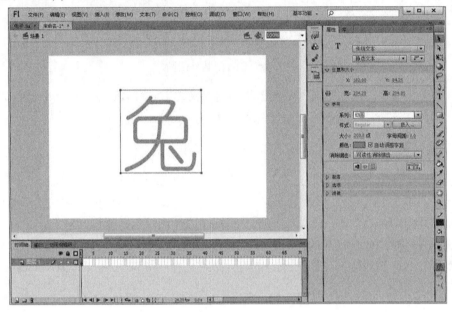

图 5-34　输入文字

（3）选中文字，选择"修改"→"分离"命令，或者按【Ctrl+B】组合键将其打散为图形（需连续打散两次）。

（4）在第 10 帧插入空白关键帧，用刷子工具绘制一只"兔子"图形，如图 5-35 所示。

图 5-35　绘制"兔子"图形

（5）在第 1 帧右击，在弹出的快捷菜单中选择"创建补间形状"命令，创建形状补间动画。

（6）播放、测试 Flash 动画，观看形状补间动画效果。可以看到，文字"兔"经过形状补间动画变形，变成了一只兔子图形。

（7）如果希望变形动画速度缓慢一点，延长两个关键帧间的距离（比如 10 帧变成 20 帧）。

（8）如果希望变形动画自动停止，可以新增一个图层，在新图层的最后一帧的动作脚本里加入 stop( )命令（右击，选择"动作"命令），如图 5-36 所示。

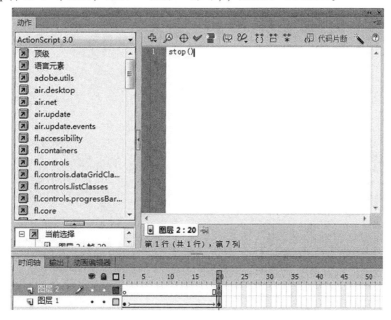

图 5-36　新增图层并加入动作脚本

5.7.3　相关知识

1. 形状补间动画

形状补间动画以图形为基本元素，由一种图形变形成另一种图形。本案例先用文字工具"写"出文字，再用 Flash 的"分离"功能将其打散成图形，经过形状补间动画，变形成为一只活泼可爱的兔子。

2. Flash 图形的绘制

Flash CS6 中绘制 Flash 图形的常用工具有铅笔、钢笔、刷子、线条、矩形、椭圆等工具，加以熟练运用，可以绘制出丰富多彩的矢量图形。绘制出漂亮的 Flash 图形需要一定的美术功底和技能，可以用鼠标手工绘制，也可以用专业的绘图板工具绘制，还可以从其他图片格式导入 Flash 库中，再应用到动画场景中。

3. Flash 动作脚本

动作脚本是 Flash 中用于控制动画播放、对象动作等功能的一种程序语言。Flash CS6

支持最新的 ActionScript 3.0 脚本，也兼容 ActionScript 2.0 脚本。本案例应用了一个简单的动画控制脚本"stop( )"命令，其功能是停止当前动画的播放。本书的后续内容中，将进一步学习 Flash 的动作脚本。

小　　结

　　本章介绍了 Flash 基本动画的概念、类型、动画基本原理等知识，并通过一系列的案例展示了逐帧动画、传统运动补间动画、运动补间动画、形状补间动画的具体制作方法。在基本动画的制作过程中综合运用了图形、文本、元件、实例、普通帧、关键帧、动作脚本等 Flash 动画制作过程中常用的技术，实现了一些典型的动画效果，为后续学习遮罩动画、引导动画等高级动画类型，制作更复杂的动画效果打下良好的基础。

实 战 演 练

　　(1) 利用配套素材，完成本章相关动画案例的制作。

　　(2) 从网络收集素材，参考实例"奔跑的马"，制作一个"飞鸟"逐帧动画。

　　(3) 参考实例"毛笔写字"，制作一个"铅笔写字"动画（文字自拟）。

　　(4) 参考案例"拍球"动画，从互联网下载图片，制作一个"踢足球"的运动补间动画。

　　(5) 参考案例"兔子变形动画"，制作一个其他动物的形状补间动画。

第6章 Flash CS6高级动画制作

本章主要介绍了引导层动画、遮罩动画和骨骼动画。通过本章的学习，可以掌握高级动画制作的知识，为深入学习 Flash CS6 其他知识奠定基础。本章主要内容包括：

（1）引导层动画。

（2）遮罩动画。

（3）骨骼动画。

6.1 案例1——直线运动动画之"行驶中的汽车"

6.1.1 案例效果

在 Flash CS6 中，运动动画是指使对象沿直线或曲线移动的动画形式。下面以制作"行驶中的汽车"为例，详细介绍直线运动动画的操作方法。案例效果如图 6-1 所示。

图 6-1 案例效果

6.1.2 实现步骤

（1）新建文档，选择"文件"→"导入"→"导入到舞台"命令，如图6-2所示。

图 6-2　导入到舞台

（2）在"导入"对话框中，选择准备导入的素材背景图片，单击"打开"按钮，如图6-3所示。

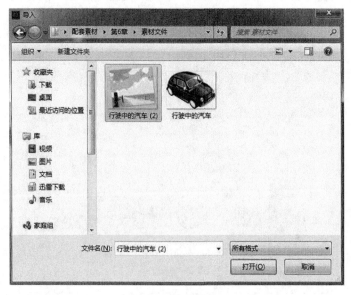

图 6-3　打开素材

（3）将图像导入舞台，调整其大小和位置以适合舞台，如图 6-4 所示。

图 6-4　导入素材

（4）在时间轴左下角，单击"新建图层"按钮，新建一个普通图层"图层 2"，如图 6-5所示。

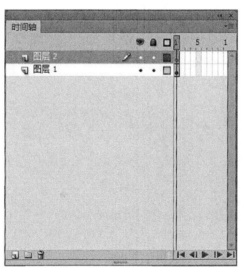

图 6-5　新建普通图层

（5）按下【Ctrl+R】组合键，弹出"导入"对话框，选择准备好的汽车素材图片。单击"打开"按钮并导入，如图 6-6 所示。

（6）将汽车图像导入舞台，调整大小和位置，如图 6-7 所示。

（7）按下【F8】键，弹出"转换为元件"对话框，在"类型"下拉列表框中选择"图形"选项，单击"确定"按钮，如图 6-8 所示。

图 6-6 打开素材

图 6-7 导入素材

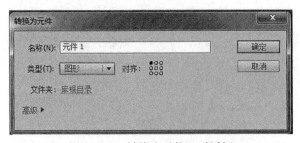

图 6-8 "转换为元件"对话框

（8）在时间轴中分别选中"图层 1"和"图层 2"的第 30 帧，按【F6】键插入关键帧，如图 6-9 所示。

（9）选择"图层 2"并右击，在弹出的快捷菜单中选择"添加传统运动引导层"命令，创建引导层，如图 6-10 所示。

 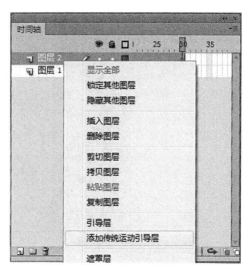

图 6-9　插入关键帧　　　　　　　　　图 6-10　"添加传统运动引导层"命令

（10）在工具箱中单击"直线工具"按钮 3，在舞台上绘制一条直线，如图 6-11 所示。

图 6-11　绘制直线

（11）选中"图层 2"的第 1 帧，将"汽车"拖动到路径的起始点，并将中心点放置在路径上，如图 6-12 所示。

图 6-12　拖动到路径的起始点

（12）选中"图层 2"的第 30 帧，将"汽车"拖动到路径的终点，并将中心点放置在路径上，如图 6-13 所示。

图 6-13　拖动到路径的终点

（13）选中"图层 2"的第 1~30 帧之间的任意一帧右击，在弹出的快捷菜单中选择"创建传统补间"命令，创建补间动画，如图 6-14 所示。

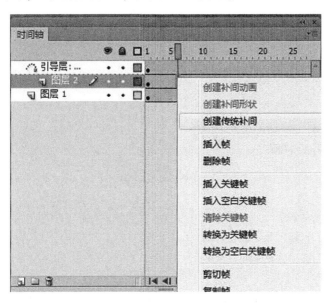

图 6-14　创建传统补间动画

（14）按下【Ctrl+Enter】组合键，预览刚刚创建的动画。通过以上方法即可完成创建行驶中的汽车沿直线运动动画的操作，如图 6-15 所示。

图 6-15　预览动画

6.1.3　相关知识

运动引导层动画：在运动引导层中绘制路径，可以使运动渐变动画中的对象沿着指定的路径运动。在 Flash 中引导层是用来指示元件运行路径的，所以引导层中的内容可以是钢笔、铅笔、线条、椭圆工具、矩形工具或画笔工具等绘制的线段，而被引导层中的对象是跟着引导线走的，可以使用影片剪辑元件、图形元件、按钮、文字等，但不能应用形状。

1. 传统运动引导层的要求

（1）与遮罩动画一样，传统运动引导层动画也无法单独生效，必须有至少两个图层才可以。

（2）一个图层位于最顶端，充当引导层；其余的图层都在引导层的下面，充当被引导层。一般而言，被引导层只有一层即可。很少使用多个被引导层。

（3）被引导层必须是"传统补间动画"，如果是"补间形状"动画，引导层将无效。

2. 传统运动引导层的原理

（1）通过在引导层内绘制一条路径，随意更改路径的形态，就会影响下层动画的表现形式。

（2）普通的补间动画，运动路线都是直线。附加引导层之后就可以按照作者指定的路径运动。

注意事项：必须创建传统补间动画才可以应用引导层，其他的动画形式不可以。

6.2 案例2——轨道运动动画之"火箭围绕月球公转"

6.2.1 案例效果

轨道运动是让对象沿着指定的路径运动，引导层用来设置对象运动的路径，必须是图形，不能是符号或其他格式。下面以制作"火箭围绕月球公转"动画为例，详细介绍创建沿轨道运动的动画操作方法。案例效果如图6-16所示。

图6-16　案例效果

6.2.2　实现步骤

（1）新建文档，选择"文件"→"导入"→"导入到舞台"命令，如图 6-17 所示。

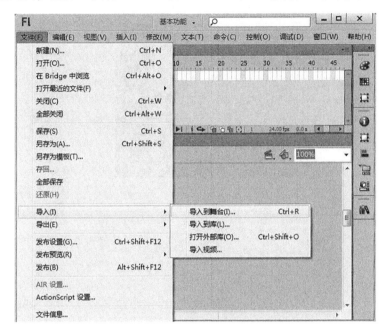

图 6-17　导入到舞台

（2）在"导入"对话框中，选择准备导入的素材图片，单击"打开"按钮，如图 6-18 所示。

图 6-18　打开素材

（3）将图片导入舞台，调整其大小和位置，如图 6-19 所示。

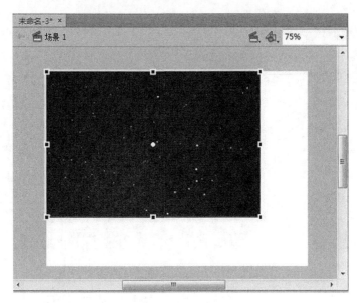

图 6-19　导入素材

（4）在时间轴的左下角，单击"新建图层"按钮，新建一个普通图层"图层 2"，如图 6-20 所示。

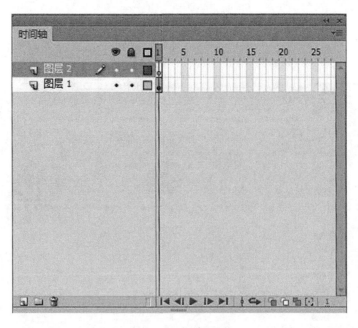

图 6-20　新建图层

（5）按下【Ctrl+R】组合键，打开"导入"对话框，选择准备导入的月球素材图片，单击"打开"按钮，如图 6-21 所示。

（6）将图像导入舞台，调整其大小和位置，如图 6-22 所示。

图 6-21　打开素材

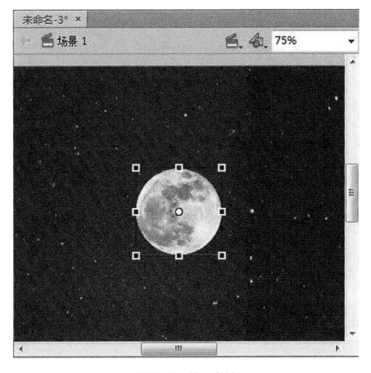

图 6-22　导入素材

（7）在时间轴的左下角，单击"新建图层"按钮，新建一个普通图层"图层3"，如图6-23所示。

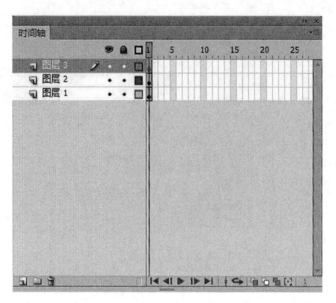

图6-23　新建图层

（8）按下【Ctrl+R】组合键，弹出"导入"对话框，选择准备导入的火箭素材图片，单击"打开"按钮，如图6-24所示。

图6-24　打开素材

（9）将图像导入舞台，调整至合适大小和位置，如图 6-25 所示。

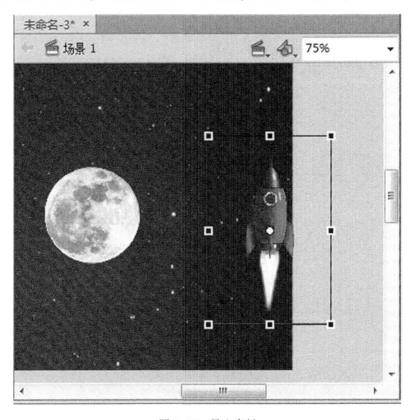

图 6-25　导入素材

（10）按下【F8】键，弹出"转换为元件"对话框，在"类型"下拉列表框中选择"图形"选项，单击"确定"按钮，如图 6-26 所示。

图 6-26　转换为元件

（11）在时间轴中分别选中"图层 1"和"图层 2"的第 50 帧，按【F5】键插入帧，如图 6-27 所示。

（12）选中"图层 3"第 50 帧，按【F6】键，插入关键帧，如图 6-28 所示。

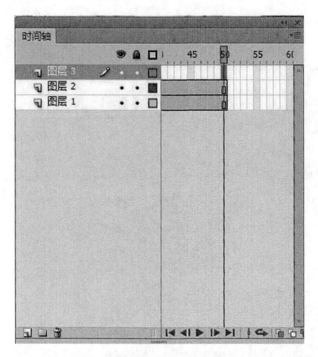

图 6-27　插入帧

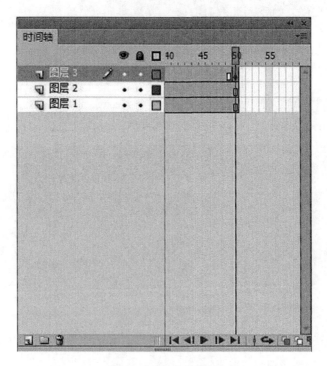

图 6-28　插入关键帧

（13）在时间轴中右击"图层 3"，在弹出的快捷菜单中选择"添加传统运动引导层"命令，如图 6-29 所示。

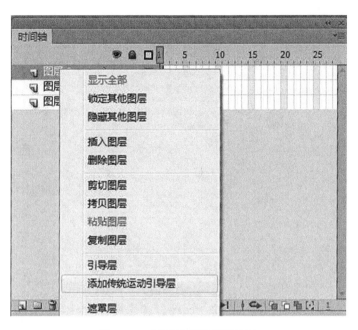

图 6-29　创建传统运动引导层

（14）创建引导层后，使用椭圆工具绘制一个椭圆路径，作为火箭的运行轨道，如图 6-30所示。

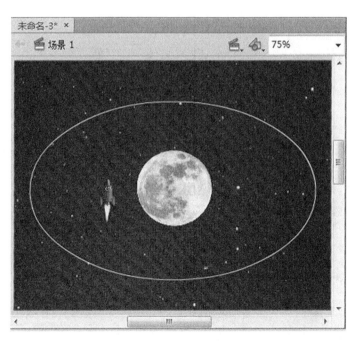

图 6-30　绘制椭圆路径

（15）绘制完椭圆后，使用任意变形工具在舞台中缩放椭圆和旋转，使火箭的运行轨道更符合科学标准，如图 6-31 所示。

图 6-31　调整路径

（16）旋转和缩放椭圆后，用橡皮擦工具擦除椭圆的一部分，作为月球运动的起点和终点，如图 6-32 所示。

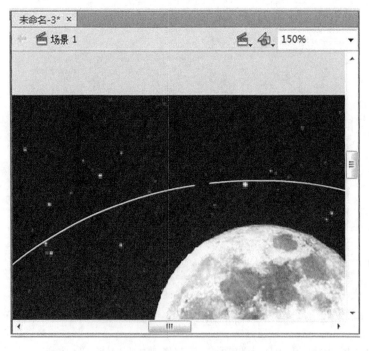

图 6-32　使用橡皮擦工具

（17）在"图层 3"中选择第 1 帧，将火箭元件拖动至路径的起点，并将中心点放置在路径上，如图 6-33 所示。

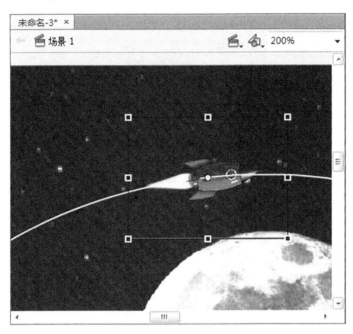

图 6-33　调整位置至起点

（18）在"图层 3"中选择第 50 帧，将火箭元件拖动至路径的终点，并将中心点放置在路径上，如图 6-34 所示。

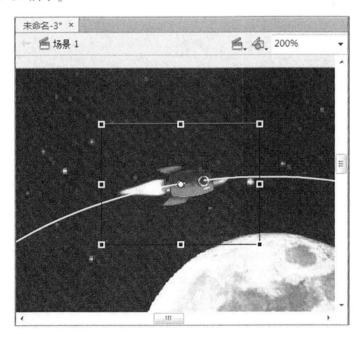

图 6-34　调整位置至终点

　　（19）在"图层 3"的第 1~50 帧之间的任意一帧上右击，在弹出的快捷菜单中选择"创建传统补间"命令，如图 6-35 所示。

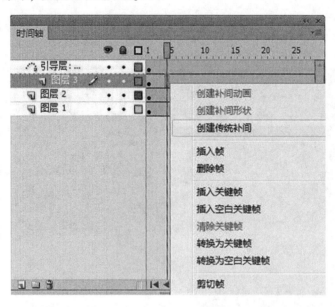

图 6-35　创建传统补间

　　（20）按下【Ctrl+Enter】组合键，预览创建的动画。通过以上操作即可完成"火箭围绕月球公转"沿轨道运动动画的制作，如图 6-36 所示。

图 6-36　预览动画

6.2.3　相关知识

本案例的相关知识有：

（1）引导线不能是封闭的曲线，要有起点和终点。

（2）起点和终点之间的线条必须是连续的，不能间断，可以是任何形状。

（3）引导线转折处的线条转弯不宜过急、过多；否则，Flash 无法准确判断对象的运动路径。

（4）被引导对象必须准确吸附到引导线上，也就是元件编辑区中心必须位于引导线上，否则被引导对象将无法沿引导路径运动。

（5）引导线在最终生成动画时是不可见的。

6.3　案例3——遮罩动画之"百叶窗动画"

6.3.1　案例效果

在 Flash CS6 中，可以通过创建遮罩动画实现一些视觉效果。下面以制作"百叶窗动画"为例，详细介绍创建遮罩动画的操作方法。案例效果如图 6-37 所示。

图 6-37　案例效果

6.3.2　实现步骤

（1）新建文档，选择"文件"→"导入"→"导入到库"命令，如图 6-38 所示。

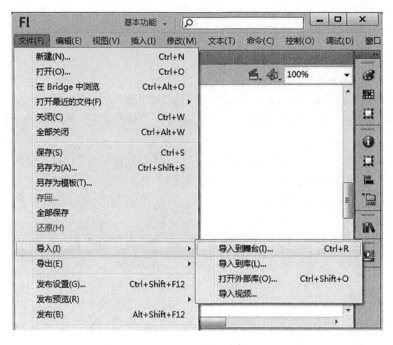

图 6-38　导入到库

（2）在"导入"对话框中，选择准备导入的素材背景图片"百叶窗动画 1. jpg"和"百叶窗动画 2. tif"，单击"打开"按钮，如图 6-39 所示。

图 6-39　打开素材

（3）将外部图像文件导入库中后，在"库"面板中单击第一个素材并将其拖动到舞台中，调整图像大小，如图 6-40 所示。

图 6-40　第一个素材拖动到舞台

（4）在调整图像大小后，在时间轴中新建"图层 2"，如图 6-41 所示。

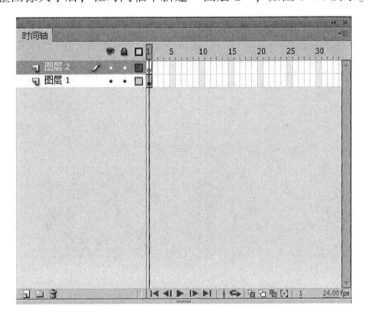

图 6-41　新建图层

（5）在新建图层后，在"库"面板中单击第二个素材并将其拖动到舞台中，调整图像大小，如图 6-42 所示。

图 6-42　第二个素材拖动到舞台

（6）调整图像大小后，选择"插入"命令，在弹出的下拉菜单中选择"新建元件"命令，如图 6-43 所示。

图 6-43　新建元件

（7）弹出"创建新元件"对话框，在"类型"下拉列表框中选择"影片剪辑"选项，单击"确定"按钮，如图 6-44 所示。

（8）使用矩形工具在舞台中绘制一个长矩形，如图 6-45 所示。

图 6-44　创建新元件

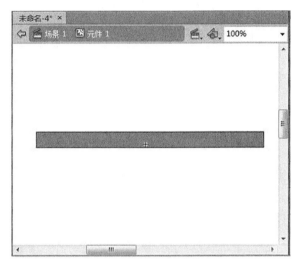

图 6-45　绘制一个长矩形

（9）选中绘制的矩形，在"属性"面板中设置矩形的"宽"为 550，设置矩形的"高"为 40，如图 6-46 所示。

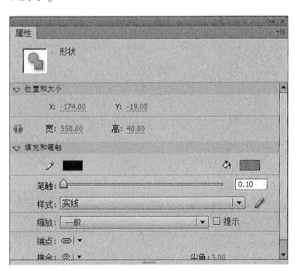

图 6-46　设置矩形属性

（10）选中"图层 1"的第 20 帧右击，在弹出的快捷菜单中选择"插入关键帧"命令，如图 6-47 所示。

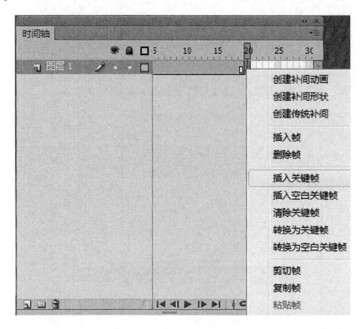

图 6-47　插入关键帧

（11）插入关键帧后，选中绘制的矩形，在"属性"面板中，设置矩形的"高"为 5，如图 6-48 所示。

图 6-48　设置矩形属性

（12）右击"图层 1"中第 1~20 帧之间的任意一帧，在弹出的快捷菜单中选择"创建补间形状"命令，创建补间形状动画，如图 6-49 所示。

图 6-49　创建补间形状

（13）选择"插入"→"新建元件"命令，如图 6-50 所示。

图 6-50　新建元件

（14）弹出"创建新元件"对话框，在"类型"下拉列表框中选择"影片剪辑"选项，单击"确定"按钮，创建一个影片剪辑元件，如图 6-51 所示。

图 6-51 新建影片剪辑元件

（15）在"库"面板中将"元件 1"拖动到舞台中并调整其位置，双击进入"元件 1"的编辑界面，如图 6-52 所示。

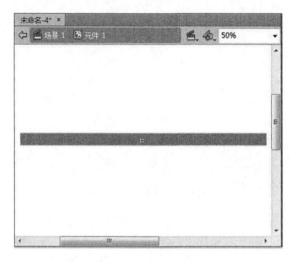

图 6-52 拖动到舞台

（16）在舞台中，按住【Ctrl】键的同时，拖动出多个长条形并使其均匀排列，如图 6-53 所示。

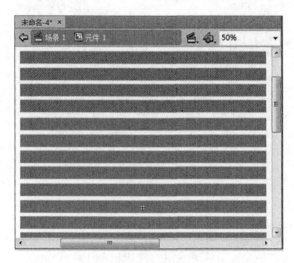

图 6-53 复制元件

（17）单击"场景 1"图标，返回至场景 1，如图 6-54 所示。

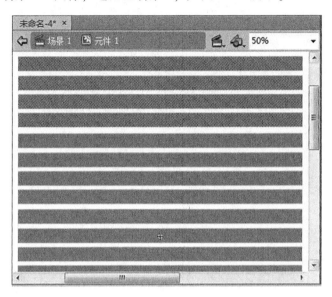

图 6-54　返回至场景 1

（18）在时间轴中单击左下角的"新建图层"按钮，创建"图层 3"，如图 6-55 所示。

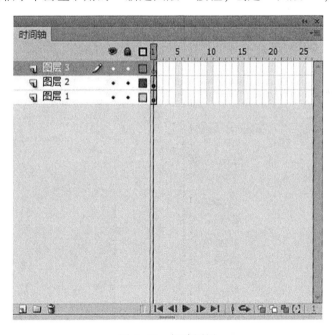

图 6-55　新建图层

（19）新建图层后，在"库"面板中拖动"元件 1"至舞台中，然后调整元件的大小，如图 6-56 所示。

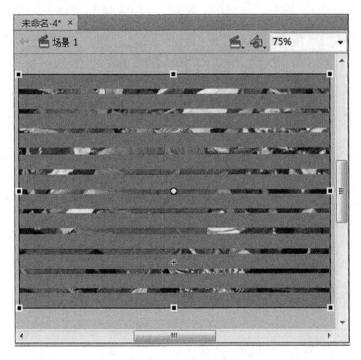

图 6-56　调整元件的大小

（20）选中"图层 3"并右击，在弹出的快捷菜单中选择"遮罩层"命令，如图 6-57 所示。

图 6-57　选择"遮罩层"命令

（21）创建遮罩层后，用户可以在时间轴中查看图层效果，如图 6-58 所示。

图 6-58　查看图层效果

（22）按下【Ctrl+Enter】组合键，预览创建的动画。通过以上方法即可完成"百叶窗动画"的制作，如图 6-59 所示。

图 6-59　预览动画

6.3.3 相关知识

在 Flash CS6 中，遮罩层是一种特殊的图层，遮罩层下面图层的内容就会像一个窗口显示出来，除了透过遮罩层显示的内容，其余的内容都被遮罩层隐藏起来。利用相应动作和行为，可以让遮罩层动起来，然后就可以创建各种各样的具有动态效果的动画文件。

在 Flash 动画中，"遮罩"主要有两种用途：一个是用在整个场景或一个特定区域，使场景外的对象或特定区域外的对象不可见；另一个是用来遮罩住某一元件的一部分，从而实现一些特殊的效果。

遮罩层中的图形对象在播放时是看不到的，遮罩层中的内容可以是按钮、影片剪辑、图形、位图、文字等，但不能使用线条，如果一定要用线条，可以将线条转换为"填充"。

被遮罩层中的对象只能透过遮罩层中的对象被看到。在被遮罩层，可以使用按钮、影片剪辑、图形、位图、文字、线条。

（1）遮罩层的基本原理：能够透过该图层中的对象看到"被遮罩层"中的对象及其属性（包括它们的变形效果），但是遮罩层中的对象的许多属性如渐变色、透明度、颜色和线条样式等却是被忽略的。例如，不能通过遮罩层的渐变色来实现被遮罩层的渐变色变化。

（2）要在场景中显示遮罩效果，可以锁定遮罩层和被遮罩层。

（3）可以用"Actions"动作语句建立遮罩，但这种情况下只能有一个"被遮罩层"，同时，不能设置 Alpha 属性。

（4）不能用一个遮罩层遮蔽另一个遮罩层。

（5）遮罩可以应用在 GIF 动画上。

（6）在制作过程中，遮罩层经常挡住下层的元件，影响视线，无法编辑，可以按下遮罩层时间轴的显示图层轮廓按钮，使遮罩层只显示边框形状，在这种情况下，还可以拖动边框调整遮罩图形的外形和位置。

（7）在被遮罩层中不能放置动态文本。

创建遮罩层，首先要在时间轴中选中准备创建的遮罩图层右击，在弹出的快捷菜单中选择"遮罩层"命令，这样即可创建遮罩层。

6.4 案例4——骨骼动画之"运动的兔子"

6.4.1 案例效果

在 Flash CS6 中，用户可以为元件添加与其他元件相连接的骨骼，使用关节连接这些骨骼。骨骼允许连接在一起运动。下面介绍向元件添加骨骼的操作方法，案例效果如图 6-60 所示。

图 6-60　案例效果

6.4.2　实现步骤

（1）新建文档，选择"文件"→"导入"→"导入到舞台"命令，如图 6-61 所示。

图 6-61　导入到舞台

（2）在"导入"对话框中选择准备导入的素材图片，单击"打开"按钮，如图 6-62 所示。

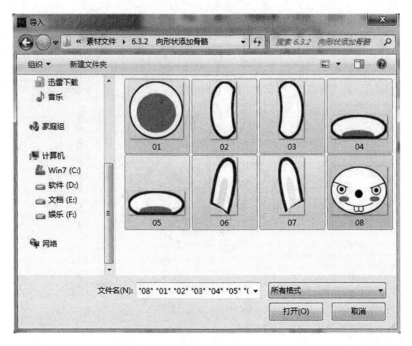

图 6-62　打开素材

（3）将素材导入舞台，调整图形位置和大小，如图 6-63 所示。

图 6-63　导入素材

（4）分别选择各个图形，按下【F8】键将各个图形分别转换为图形元件，如图 6-64 所示。

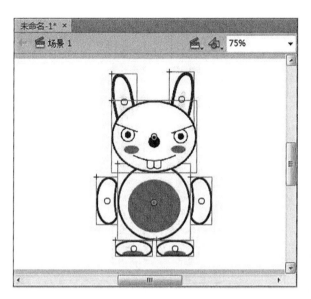

图 6-64　分别转换为图形元件

（5）在工具箱中单击"骨骼工具"按钮，选中头部元件，按住鼠标左键并向上拖动，然后释放鼠标创建骨骼，如图 6-65 所示。

图 6-65　创建骨骼

（6）继续使用"骨骼工具"按钮，创建骨骼系统，将其他元件依次连接，如图 6-66 所示。

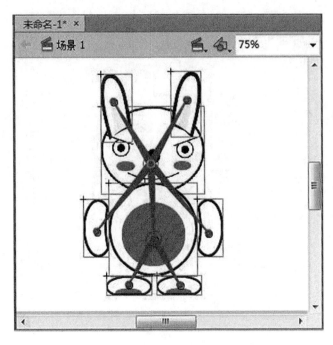

图 6-66　依次连接其他元件

（7）在时间轴的第 20 帧处右击，在弹出的快捷菜单中选择"插入姿势"命令，如图 6-67所示。

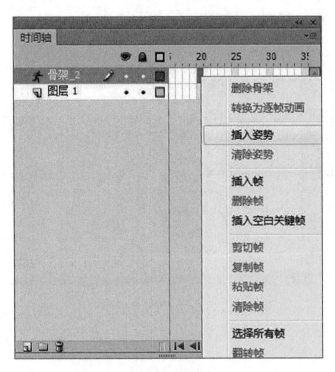

图 6-67　插入姿势

（8）在工具箱中，单击"选择工具"按钮，调整骨骼系统，如图6-68所示。

图 6-68　调整骨骼系统

（9）按住【Ctrl】键的同时，选中第 1 帧上的对象右击，在弹出的快捷菜单中选择"复制姿势"命令，如图 6-69 所示。

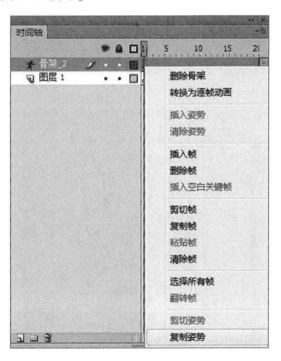

图 6-69　复制姿势

（10）在第 40 帧位置处右击，在弹出的快捷菜单中选择"插入姿势"命令，如图 6-70 所示。

（11）在第 40 帧位置处右击，在弹出的快捷菜单中选择"粘贴姿势"命令，如图 6-71 所示。

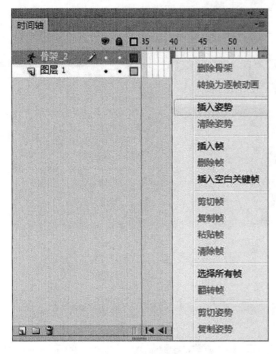

图 6-70　插入姿势

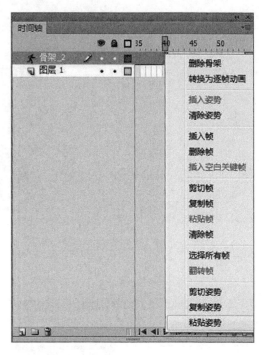

图 6-71　粘贴姿势

（12）按下【Ctrl+Enter】组合键，预览刚刚创建的动画。通过以上操作即可完成向元件添加骨骼的操作，如图 6-72 所示。

图 6-72　预览动画

6.5.3　相关知识

在动画设计软件中，运动学系统分为正向运动学和反向运动学两种。正向运动学指的是对有层级关系的对象来说，父对象的动作将影响到子对象，而子对象的动作将不会对父对象造成任何影响。例如，当对父对象进行移动时，子对象也会同时随着移动，而子对象移动时，父对象不会产生移动。由此可见，正向运动中的动作是向下传递的。

与正向运动学不同，反向运动学是双向传递的，当父对象进行位移、旋转或缩放等动作时，其子骨骼会受到这些动作的影响，反之，子对象的动作也将影响到父对象，反向运动是通过一种连接各种物体的辅助工具来实现的运动。这种工具就是 IK 骨骼，又称反向运动骨骼，使用 IK 骨骼制作的反向运动学动画即骨骼动画，如图 6-73 所示。

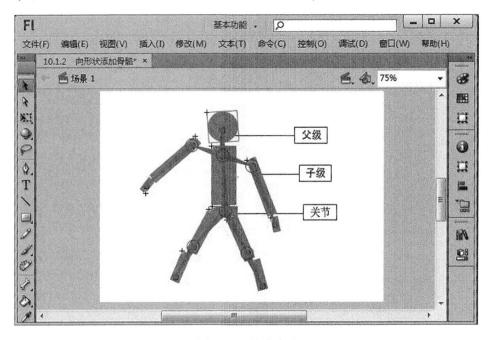

图 6-73　骨骼动画

6.5　案例 5——为文字"Good"添加骨骼

6.5.1　案例效果

在 Flash CS6 中用户可以在形状对象（即各种矢量图形对象）的内部添加骨骼，通过骨骼来移动形状的各个部分以实现动画效果，如图 6-74 所示。下面介绍向形状添加骨骼的操作方法。

图 6-74　案例效果

6.5.2　实现步骤

（1）新建文档，使用文本工具在舞台中创建准备添加骨骼的文本，文字"Good"如图 6-75所示。

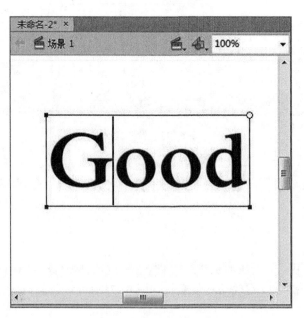

图 6-75　新建文本

（2）连续按两次【Ctrl+B】组合键，将创建的文本彻底打散，如图 6-76 所示。

图 6-76　将文本打散

（3）在工具箱中单击"骨骼工具"按钮，在图形上创建骨骼系统，如图 6-77 所示。

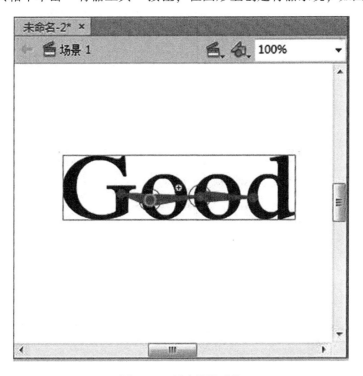

图 6-77　创建骨骼系统

（4）在时间轴中右击第 20 帧，在弹出的快捷菜单中选择"插入姿势"命令，如图 6-78所示。

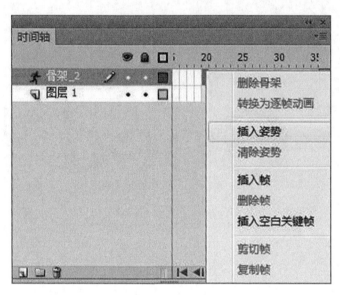

图 6-78　插入姿势 1

（5）在工具箱中单击"选择工具"按钮，将鼠标移动到骨骼上，调整骨骼形状，如图 6-79所示。

图 6-79　调整骨骼形状 1

（6）在时间轴中右击第 10 帧，在弹出的快捷菜单中选择"插入姿势"命令，如图 6-80所示。

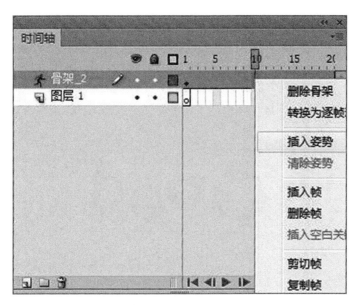

图 6-80　插入姿势 2

（7）在工具箱中单击"选择工具"按钮，将鼠标移动到骨骼上，调整骨骼形状，如图 6-81所示。

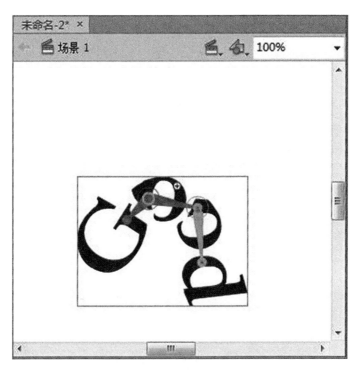

图 6-81　调整骨骼形状 2

（8）按下【Ctrl+Enter】组合键，预览刚刚创建的动画。通过以上方法即可完成向形状添加骨骼的操作，如图 6-82 所示。

图 6-82　预览动画

6.5.3　相关知识

使用绑定工具：在移动骨架时，有时候对象扭曲的方式并不是自己想要的效果，这是因为默认情况下，形状的控制点连接到离其最近的骨骼。在移动骨架时，形状的笔触并不能以令人满意的方式扭曲，可以使用绑定工具编辑单个骨骼和形状控制点之间的连接，就可以控制在每个骨骼移动时笔触扭曲的方式，以获得更加满意的结果。可以将多个控制点绑定到一个骨骼，以及将多个骨骼绑定到一个控制点，使用绑定工具单击控制点或骨骼，将显示骨骼和控制点之间的连接，然后可以按各种方式更改连接。如果要向选定的骨骼添加控制点，按下【Shift】键，单击未加亮显示的控制点，也可以通过按住【Shift】键并拖动鼠标来选择要添加到选定骨骼的多个控制点。

编辑 IK 骨架和对象属性：如果想要编辑 IK 骨骼和对象，可以在工具箱中使用选择工具单击该骨骼，这样即可在"属性"面板中编辑 IK 骨骼和对象的属性，如图 6-83 所示。

向骨骼添加弹簧属性：在舞台中选择骨骼后，可以在"属性"面板中向骨骼添加弹簧属性，以便使制作的骨骼动画更加灵活生动。下面介绍向骨骼添加弹簧属性的操作方法：

（1）打开素材文件后，使用选择工具选中准备添加弹簧属性的骨骼，如图 6-84 所示。

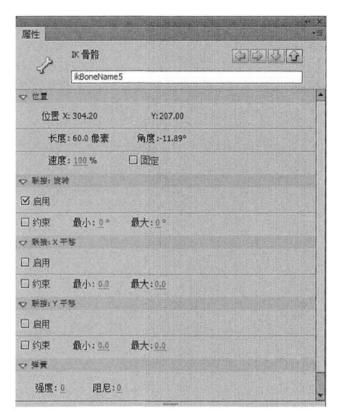

图 6-83　IK 骨骼和对象的属性

图 6-84　打开素材文件并选中骨骼

（2）选中骨骼后，在"属性"面板中展开"弹簧"选项组，在"强度"微调框中设置弹簧强度数值，在"阻尼"微调框中设置弹簧阻尼数值，即可完成向骨骼添加弹簧属性的操作，如图6-85所示。

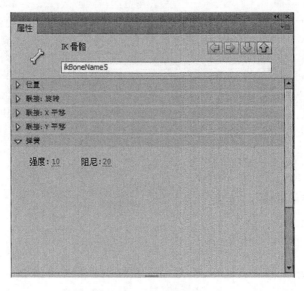

图6-85　设置弹簧属性

在 Flash CS6 中，在"属性"面板中展开"弹簧"选项组，该选项组中有两个设置项，其中"强度"用于设置弹簧的强度，输入的值越大，弹簧效果就越明显；"阻尼"用于设置弹簧效果的衰减速率，输入的值越大，动画中弹簧属性减小得越快，动画结束得越快，其值设置为0时，弹簧属性在姿态图层的所有帧中都将保持最大强度。

向 IK 动画添加缓动：在 Flash CS6 中，程序为骨骼动画提供了几种标准的缓动，缓动应用于骨骼后可以对骨骼的运动进行加速或减速，从而使对象的移动获得重力效果。下面介绍向 IK 动画添加缓动的操作方法：

（1）打开素材文件后，在时间轴中选择准备添加缓动的骨骼，如图6-86所示。

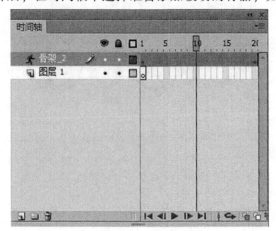

图6-86　打开素材

（2）选中骨骼图层后，在"属性"面板中展开"缓动"选项组，在"类型"下拉列表框中选择准备应用的缓动选项，即可完成向 IK 动画添加缓动的操作，如图 6-87所示。

图 6-87　设置缓动选项

小　　结

本章介绍引导层动画、遮罩动画及骨骼动画的制作方法及注意要点。

在制作引导层动画时，要注意"调整路径"的补间方式的运用以及如何合成多个引导层动画。在使用的过程中应注重创新，这样才能制作出好的作品。

遮罩动画是首先准备两个（这里仅介绍了两个图层间的遮罩效果）图层，在图层属性中将上面的图层设置为遮罩层，实现用上面一层的形状来显示下面一层中内容的效果。遮罩的原理简单，要制作出特别的效果关键在于构思的精巧。

在骨骼动画中，模型具有相互连接的"骨骼"组成的骨架结构，通过改变骨骼的朝向和位置为模型生成动画。

实 战 演 练

（1）使用引导层动画制作一束激光写出文字"Flash"。

（2）使用遮罩动画制作电影序幕效果。

（3）应用骨骼动画制作一个机械手臂效果。

第7章 常用组件及其使用

Flash 中的组件类似 XHTML 中的表单项目，是为用户提供交互性体验的重要工具。在各类 Flash 游戏以及 RIA 富互联网应用程序中，组件是非常重要的组成部分。通过本章的学习，可以掌握组件方面的知识，为深入学习 Flash CS6 奠定基础。本章主要内容包括：

（1）组件的基本操作。

（2）常见组件的使用。

7.1 组件的基本操作

在 Flash CS6 中，组件是带有参数的影片剪辑，既可以是简单的界面控件，也可以包含不可见的内容，使用组件可以快速地构建具有一致外观和行为的应用程序。本节将详细介绍组件基础操作方面的知识。

7.1.1 组件的预览与查看

在 Flash CS6 中使用组件有多种方法，可以使用"组件"面板来查看组件，并可以在创作过程中将组件添加到文档中。在将组件添加到文档中后，即可在"属性检查器"中查看组件属性。下面详细介绍组件的预览与查看的操作方法。

启动 Flash CS6 程序，新建文档。在菜单栏中，选择"窗口"→"组件"命令，这样即可弹出"组件"面板，进行预览与查看，如图 7-1 所示。

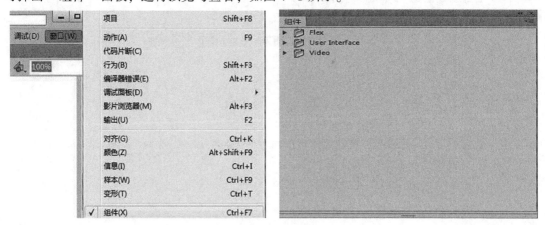

图 7-1 "组件"命令

7.1.2 向 Flash 添加组件

在"组件"面板中，将组件拖到舞台上时，就会将编译剪辑元件添加到"库"面板中。下面详细介绍向 Flash 中添加组件的操作方法。

（1）在菜单栏中，选择"窗口"→"组件"命令，打开"组件"面板，单击并拖动准备添加的组件，如图 7-2 所示。

（2）拖动准备添加的组件到舞台中，这样即可完成向 Flash 文件中添加组件的操作，如图 7-3所示。

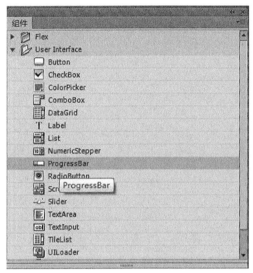

图 7-2　添加组件

图 7-3　拖动至舞台

7.1.3 标签大小及组件的高度和宽度

在 Flash CS6 中，如果组件实例不够大，以致无法显示它的标签，那么标签文本会截断。如果组件实例比文本大，单击区域就会超出标签。

如果使用动作脚本的_ width 和_ height 属性来调整组件的宽度和高度，则可以调整该组件的大小，而且组件内容的布局依然保持不变，这将导致组件在影片回放时发生扭曲，这需要使用"任意变形工具"或各大组件对象的 setsize 或 setwidth 方法来解决。

7.2　使用常见组件

在 Flash CS6 中，常见的组件包括按钮组件（Button）、复选框组件（CheckBox）、单选按钮组件（RadioButton）、下拉列表组件（ComboBox）、文本域组件（TextArea）等。本节将详细介绍使用常见的组件方面的知识。

7.2.1　使用按钮组件（Button）

　　Button 组件是一个可调整大小的矩形界面按钮，用户可以给按钮添加一个自定义图标，也可以将按钮的行为从按下改为切换。下面详细介绍按钮组件（Button）的操作方法。

　　（1）在菜单栏中，选择"窗口"→"组件"命令，如图 7-4 所示。

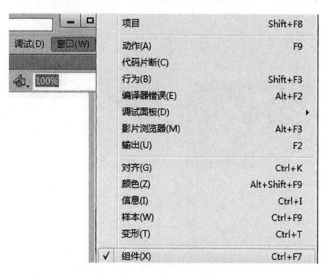

图 7-4　选择"组件"命令

　　（2）打开"组件"面板，选择 User Interface 选项，在展开的选项中，选择 Button 选项，如图 7-5 所示。

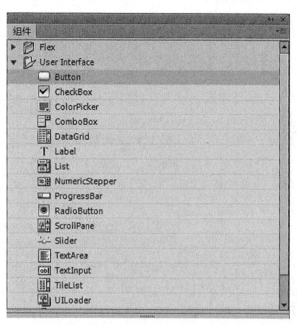

图 7-5　添加组件

（3）将选择的按钮拖动到舞台上，如图 7-6 所示。

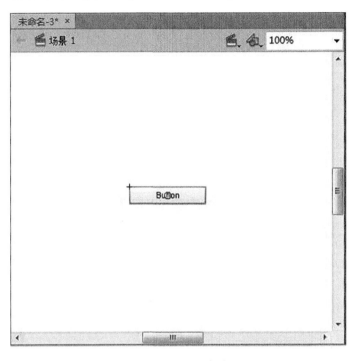

图 7-6 拖动至舞台

（4）在"属性"面板中，用户可以对 Button 组件参数进行设置，如图 7-7 所示。

图 7-7 设置参数

在 Flash CS6 中，在"属性"面板中，用户可以对参数进行如下设置：

- emphasized：组件是否被强调，默认值为 false。
- enabled：组件是否被激活，默认值为 true。
- label：设置按钮上文本的值，默认值是 Button。
- labelPlacement：确定按钮上的标签文本相对于图标的方向。
- selected：如果切换参数的值是 true，则表示该参数指定是按下（true）还是释放（false）按钮，默认值为 false。
- toggle：将按钮转变为切换开关，如果值为 true，则按钮在单击后保持按下状态，直到再次单击时才返回到弹起状态。如果值为 false，则按钮的行为就像一个普通按钮，默认值为 false。
- visible：组件是否可见。

7.2.2　使用单选按钮组件（RadioButton）

使用 RadioButton 组件可以强制选择一组选项中的一项，RadioButton 组件必须用于至少有两个 RadioButton 实例的组。在任何时刻，只要有一个组成员被选中，选择组中的一个单选按钮将取消选择组内当前选定的单选按钮。

如果单击或按【Tab】键切换到 RadioButton 组件组，会接收焦点，当 RadioButton 组有焦点时，可以使用下列按键来控制，如表 7-1 所示。

表 7-1　按键控制说明

按键	描述
【↑】键/【→】键	所选项会移至单选按钮组内的前一个单选按钮
【↓】键/【←】键	选择将移到单选按钮组的下一个单选按钮
【Tab】键	将焦点从单选按钮组移至下一个组件

（1）在菜单栏中，选择"窗口"→"组件"命令，如图 7-8 所示。

图 7-8　选择"组件"命令

（2）打开"组件"面板，选择 User Interface 选项，在展开的选项中，选择Radio Button选项，如图 7-9 所示。

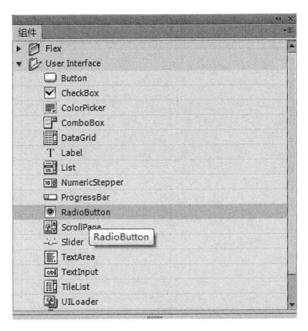

图 7-9　选择组件

（3）将选择的组件拖动到舞台中，如图 7-10 所示。

图 7-10　拖动至舞台

（4）在"属性"面板中，用户可以对其参数进行设置，如图 7-11 所示。

图 7-11 设置参数

在"属性"面板中，用户可以为每个 RadioButton 组件设置如下参数：

- enabled：组件是否被激活，默认值为 true。
- groupName：表示单选按钮的组名称，默认值为 RadioButtonGroup。
- label：设置按钮上的文本值，默认值为 Radio Button。
- labelPlacement：确定按钮上标签文本的方向。该参数可以是下列四个值之一：left，right，top，bottom，默认值为 right。
- selected：将单选按钮的初始值设置为被选中（true）或取消选中（false）。被选中的单选按钮中会显示一个圆点，一个组内只有一个单选按钮可以有被选中的值 true。如果组内有多个单选按钮被设置为 true，则会选中最后实例化的单选按钮，默认值为 false。
- value：设置在步进器的文本区域中显示的值，默认值为 0。
- visible：组件是否可见。

7.2.3 使用复选框组件（CheckBox）

复选框是一个可以选中或取消选中的方框。复选框被选中后，框中会出现一个复选标记，此时可以为复选框添加一个文本标签，并可以将它放在左侧、右侧、顶部或底部。

如果单击 CheckBox 实例或者用【Tab】键切换时，CheckBox 实例将接收焦点，当一个 CheckBox 实例有焦点时，可以使用下列按键来控制，如表 7-2 所示。

表 7-2 按键控制说明

按键	描述
【Shift+Tab】组合键	将焦点移到前一个元素
【Space】键	选中或者取消选中组件并触发 click 事件
【Tab】键	将焦点移到下一个元素

（1）在菜单栏中，选择"窗口"→"组件"命令，如图 7-12 所示。

图 7-12 选择"组件"命令

（2）打开"组件"面板，选择 User Interface 选项，在其中选择 CheckBox 选项，如图 7-13 所示。

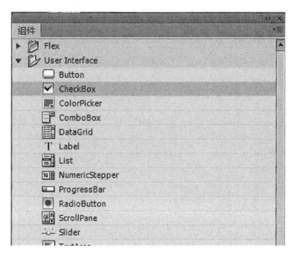

图 7-13 添加组件

（3）将选择的组件拖动到舞台中，如图 7-14 所示。

图 7-14　拖动至舞台

（4）在"属性"面板中，用户可以对其参数进行设置，如图 7-15 所示。

图 7-15　设置参数

在"属性"面板中，用户可以对参数进行如下设置：

- enabled：组件是否被激活，默认值为 true。
- label：设置复选框上文本的值，默认值为 CheckBox。
- labelPlacement：确定按钮上标签文本的方向。该参数可以是下列四个值之一：left,

right，top，bottom，默认值是 right。

- selected：将复选框的初始值设为选中（true）或取消选中（false）。
- visible：组件是否可见。

7.2.4 使用下拉列表组件（ComboBox）

下拉列表组件可以是静态的，也可以是可编辑的，使用静态组合框，可以从下拉列表中做出一项选择。下面详细介绍下拉列表组件 ComboBox 的操作方法。

（1）在菜单栏中，选择"窗口"→"组件"命令，如图 7-16 所示。

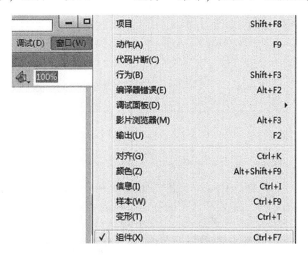

图 7-16 选择"组件"命令

（2）打开"组件"面板，选择 User Interface 选项，在其中选择 ComboBox 选项，如图 7-17 所示。

图 7-17 添加组件

（3）将选择的组件拖动到舞台中，如图 7-18 所示。

图 7-18　拖动至舞台

（4）在"属性"面板中，用户可以对其参数进行设置，如图 7-19 所示。

图 7-19　设置参数

以下是在"属性"面板中为每个 ComboBox 组件设置的创作参数：

- dataProvider：使用方法和下拉列表框相同。
- editable：确定 ComboBox 组件是可编辑的（true）还是只能选择的（false）。默认值为 false 。
- enabled：组件是否被激活，默认值为 true。
- prompt：显示提示对话框。

- restrict：设置限制列表数。
- rowCount ：设置在不使用滚动条的情况下一次最多可以显示的项目数，默认值为 5。
- visible：组件是否可见。

7.2.5　使用文本域组件（TextArea）

TextArea 组件环绕本机"动作脚本"TextArea 对象，可以使用样式自定义 TextArea 组件；当实例被禁用时，其内容以 disabledcolor 样式所代表的颜色显示。TextArea 组件也可以采用 HTML 格式，或者作为掩饰文本的密码字段。下面详细介绍文本域组件 TextArea 的操作方法。

（1）在菜单栏中，选择"窗口"→"组件"命令，如图 7-20 所示。

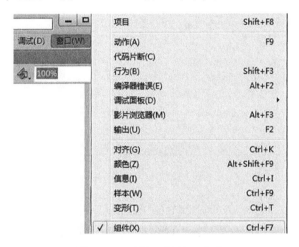

图 7-20　选择"组件"命令

（2）打开"组件"面板，选择 User Interface 选项。在其中选择 TextArea 选项，如图 7-21所示。

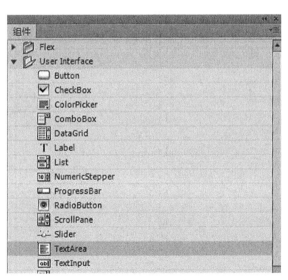

图 7-21　添加组件

（3）将选择的组件拖动到舞台中，如图 7-22 所示。

图 7-22　拖动至舞台

（4）在"属性"面板中，用户可以对其参数进行设置，如图 7-23 所示。

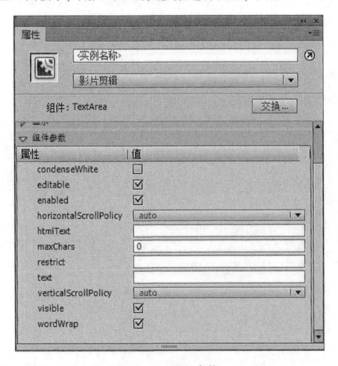

图 7-23　设置参数

下面是在"属性"面板中为每个 TextArea 组件设置的创作参数：

- editable：确定 TextArea 组件是可编辑的（true）还是不可编辑的（false）。默认值为 false 。

- enabled：组件是否被激活，默认值为 true。

- text：指明 TextArea 的内容，无法在"属性"面板或"组件"面板中按【Enter】键，默认值为" "（空字符串）。

- htmlText：指明文本是（true）或否（false）采用 HTML 格式，默认值为 false。

- wordWrap：指明文本是（true）或否（false）自动换行，默认值为 true。

7.3　其他组件

在 Flash CS6 中，除了常见的组件外，用户还会使用到一些组件，如"Label 组件"和"ScrollPane 组件"等。本节将详细介绍其他组件的操作方法。

7.3.1　使用 Label 组件

一个标签组件就是一行文本，可以指定一个标签采用 HTML 格式，也可以控制标签的对齐和大小。Label 组件没有边框，不具有焦点，并且不广播任何事件。

每个 Label 实例的实时预览反映了创作时在"属性"面板中对参数所做的更改。标签没有边框，因此，查看实时预览的唯一方法就是设置文本参数。如果文本太长，并且设置了 autoSize 参数，那么实时预览将不支持 autoSize 参数，并且不能调整标签边框大小。下面详细介绍 Label 组件的操作方法。

（1）在菜单栏中，选择"窗口"→"组件"命令，如图 7-24 所示。

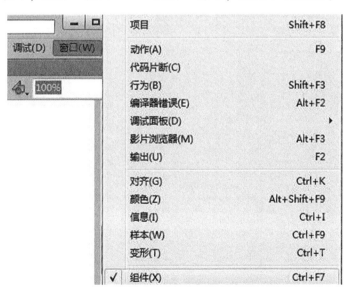

图 7-24　选择"组件"命令

（2）打开"组件"面板，选择 User Interface 选项，在其中选择 Label 选项，如图 7-25 所示。

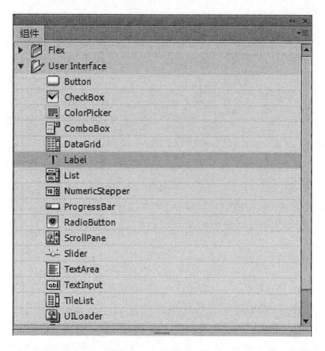

图 7-25　添加组件

（3）将选择的组件拖动到舞台中，如图 7-26 所示。

图 7-26　拖动至舞台

（4）在"属性"面板中，用户可以对其参数进行设置，如图 7-27 所示。

图 7-27　设置参数

以下是可以在"属性"面板中为每个 Label 组件设置的创作参数：

- condenseWhite：指定是否应删除具有 HTML 文本的文本字段中的额外空白（空格、换行符等）。
- enabled：组件是否被激活，默认值为 true。
- htmlText：指明标签是（true）或否（false）采用 HTML 格式，如果将 htmlText 参数设置为 true 就不能用样式来设定 Label 的格式，默认值为 false。
- selectable：指示文本字段是否可选。
- text：指明标签的文本，默认值为 Label。
- visible：组件是否可见。
- wordWrap：指示文本字段是否自动换行。

7.3.2　使用 ScrollPane 组件

滚动窗格组件在个可滚动区域中显示影片剪辑、JPEG 文件和 SWF 文件，可以让滚动条能够在一个有限的区域中显示图像。

如果单击或切换到 ScrollPane 实例，该实例将接收焦点，当 ScrollPane 实例具有焦点时，可以使用下列按键来控制，如表 7-3 所示。

表 7-3　按键控制说明

按键	描述
【↓】键	内容向上移动一垂直滚动行
【End】键	内容移到滚动窗格底部
【←】键	内容向右移动一水平滚动行

续表

按键	描述
【Home】键	内容移到滚动窗格顶部
【PgUp】键	内容向上移动一垂直滚动页
【PgDn】键	内容向下移动一垂直滚动页
【→】键	内容向左移动一水平滚动行
【↑】键	内容向下移动一垂直滚动行

（1）在菜单栏中，选择"窗口"→"组件"命令，如图7-28所示。

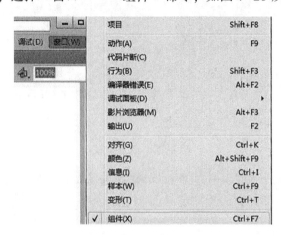

图7-28　选择"组件"命令

（2）打开"组件"面板，选择 User Interface 选项，在其中选择 ScrollPane 选项，如图7-29所示。

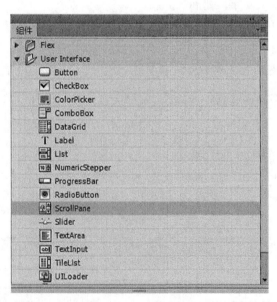

图7-29　添加组件

（3）将选择的组件拖动到舞台中，如图 7-30 所示。

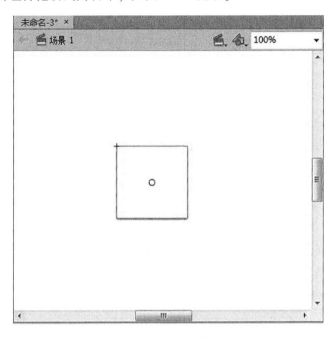

图 7-30　拖动至舞台

（4）在"属性"面板中，用户可以对其参数进行设置，如图 7-31 所示。

图 7-31　设置参数

下面是在"属性"面板中为每个 ScrollPane 组件实例设置的创作参数：

- enabled：组件是否被激活，默认值为 true。
- horizontalLineScrollSize：指明每次单击滚动按钮时水平滚动条移动多少个单位，默认值为 4。
- horizontalPageScrollSize：指明每次按下轨道时水平滚动条移动多少个单位，默认值为 0。
- horizontalScrollPolicy：显示水平滚动条，该值可以为 on，off 或 auto，默认值为 auto。
- scrollDrag：是一个布尔值，它允许（true）或不允许（false）在滚动窗格中滚动内容，默认值为 false。
- source：用于设置滚动区域内的图像文件或 SWF 文件。
- verticalLineScrollSize：指明每次按下箭头按钮时，垂直滚动条移动多少个单位，默认值为 4。
- verticalPageScrollSize：指明每次按下轨道时，垂直滚动条移动多少个单位，默认值为 0。
- verticalScrollPolicy：用于设置垂直滚动条是否始终打开。

小　　结

本章讲述了组件在动画中的使用。从根本上讲，组件是复杂的影片剪辑元件，它是实现特殊功能的集合，主要应用于交互式的动画中。组件位于"组件"面板中，使用时先从"组件"面板中将所需组件拖动到工作区中生成一个组件实例，然后再打开"属性"面板或"组件"面板对组件的参数进行设置。

实 战 演 练

（1）如何添加组件？如何设置组件的属性？
（2）使用 Media Playback 组件制作一个影片播放器。

第8章 ActionScript高级编程应用

Flash CS6 的 ActionScript 3.0 编程功能极大地丰富了动画创作，对于一些复杂的动画控制、人机交互必须通过 ActionScript 3.0 才能实现。ActionScript 3.0 编程能力是动画制作进阶的必经之路。

本章主要介绍 Flash 的动态文本、输入文本处理相关的 ActionScript 3.0 动画编程的基础知识，实现对动态文本、输入文本的控制，以及 ActionScript 3.0 的事件驱动机制，面向对象编程的实现过程。本章主要内容包括：

（1）Flash 动态文本、输入文本的属性及特点。

（2）ActionScript 3.0 编程的基本知识。

（3）应用按钮事件控制时间轴。

（4）ActionScript 3.0 元件类的创建、元件对象实例的创建与引用。

（5）应用 Flash 内置对象完成动画控制。

8.1 案例1——判断是否为闰年

8.1.1 案例效果

本案例使用一个输入文本、一个输出文本，输入文本输入一个整数的年份，输出文本中显示是否是闰年的结论，如图 8-1 所示。

图 8-1 案例效果

8.1.2　实现步骤

（1）新建一个 Flash 文档，文档类型设置为 "ActionScript 3.0"，宽度设为 400 像素，高度设为 300 像素，背景色为白色，如图 8-2 所示。

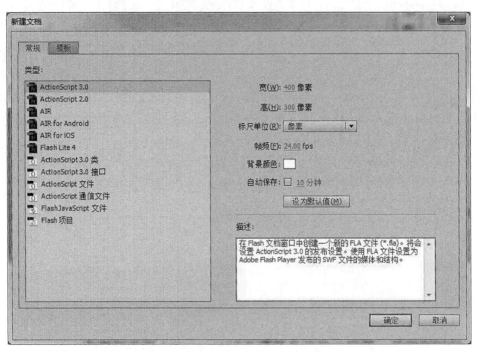

图 8-2　新建文档

（2）在舞台上输入静态文本 "闰年判断"，字体系列为 "隶书"，大小为 40 点，字母间距为 5，颜色为黑色；输入静态文本 "年份输入""结果输出"，字体系列为 "宋体"，大小为 25 点，字母间距为 5，颜色为蓝色，如图 8-3 所示。

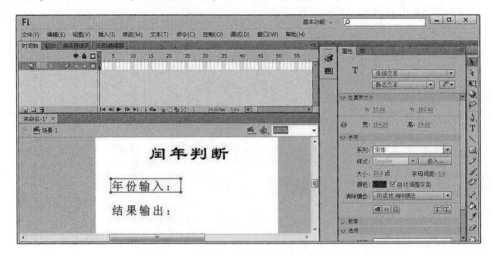

图 8-3　静态文本输入

（3）启动工具箱中的"文本工具"，在舞台添加"输入文本"框，字体系列为"宋体"，大小为 25 点，字母间距为 5，颜色为红色，选择在文本周围显示边框；在舞台添加"动态文本"框，字体系列为"宋体"，大小为 25 点，字母间距为 5，颜色为红色，选择在文本周围显示边框，如图 8-4 所示。

图 8-4　添加文本输入框

（4）选择菜单"插入"→"新建元件"命令，在库中添加两个大小相同的按钮，分别命名为"计算""清除"，宽 96 点，高 36，"清除"按钮如图 8-5 所示。

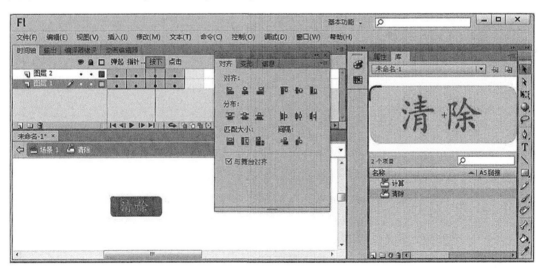

图 8-5　添加按钮

（5）打开"库"面板，把"计算""清除"按钮拖到舞台，如图 8-6 所示。

图 8-6　将按钮拖动至舞台

（6）在舞台上选中"计算"按钮，右击，在弹出的快捷菜单中选择"动作"命令，打开"动作"面板，单击"代码片断"按钮，选择"事件处理函数"下的"MouseClick 事件"，输入以下代码：

```
calculateButton.addEventListener (MouseEvent.CLICK, fl_ MouseClickHandler);
function fl_ MouseClickHandler (event: MouseEvent): void
{
var yearNumber: Number;
yearNumber =Number (yearInput.text);
if (yearNumber% 4 = =0&&yearNumber% 100! = 0 | | yearNumber% 400 = =0)
{
resultOutput.text =String (yearNumber) +" 年是闰年!";
}
else
{
resultOutput.text =String (yearNumber) +" 年不是闰年!";
}
trace (" 已单击 ");
```

完成后如图 8-7 所示。

图 8-7　为"计算"按钮添加代码

（7）在舞台上选中"清除"按钮，右击，在弹出的快捷菜单中选择"动作"命令，打开"动作"面板，单击"代码片断"按钮，选择"事件处理函数"下的"MouseClick 事件"，输入以下代码：

```
cancelButton.addEventListener (MouseEvent.CLICK, fl_ MouseClickHandler_ 2);
function fl_ MouseClickHandler_ 2 (event: MouseEvent): void
{
yearInput.text=" ";
resultOutput.text=" ";
trace ("已单击");
}
```

完成后如图 8-8 所示。

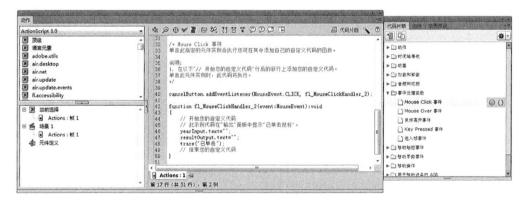

图 8-8　为"清除"按钮添加代码

（8）按【Ctrl+Enter】组合键运行。

8.1.3 相关知识

1. 动态文本和输入文本的特殊属性

动态文本和输入文本与静态文本的独有属性类似，也有一些独有的特性。只有在动态文本或输入文本下才能使用。

（1）设置行为。用来指定文本对象是否可以显示多行。指定的方法是选择文本对象，然后在"属性"面板的"段落"中的"行为"下拉列表中选择相应的选项，如图 8-9 所示。可用的选项是"单行"、"多行"、"多行不换行"和"密码"，其中"密码"选项是专供输入文本使用的，主要是用来创建表单应用中那些供人输入密码的文本域。

图 8-9　动态文本属性

（2）设置文本的边框。由于动态文本和输入文本在没有显示或得到数据前，其内部是没有任何文本的，这会使人由于看不到而无法确定准确位置。为此，可以添加一个边框，使用加边框的方法总是能知道这些看不见的文本域的位置。方法是选择文本对象，然后单击"属性"面板的"字符"中的"在文本周围显示边框"按钮。

（3）设置实例名和变量。Flash 允许为动态文本和输入文本设置实例名称和变量。为文本设置实例名称就是为这个文本块命名，这样就可以通过实例名，用 ActionScript 脚本语言来控制这个文本块，为其改变属性或赋值。

动态文本或者输入文本的变量则是用来为动态文本或者输入文本赋值的。

通过变量名，ActionScript 2.0 及以上版本的脚本语言可以为这个文本块赋值，在文本上显示出来。

2. 对象属性

什么是对象属性？例如，一个人的身高就是标识人的一个属性；X 称为属性，用来标识目标的 X 轴坐标；Alpha 称为透明度属性，用来标识目标的透明度。

几个常见的属性：

- x 表示对象的 X 轴坐标。
- y 表示对象的 y 轴坐标。
- alpha 表示对象的透明度。
- width 表示对象的宽度。
- name 表示对象的名称。

3. 控制程序流程的语法

（1）if 条件判断语句。

```
If （条件）
{
    //条件满足时执行这里的代码
}
Else
{
    //条件不满足时执行这里的代码
}
```

（2）for 循环语句。

```
for （i=0；i<N；i++）
{
    //执行这里的代码 N 次
}
```

ActionScript 和其他面向对象的语言非常相似，如 C、JAVA 语言。

4. ActionScript 3.0 的事件

（1）事件触发。

AS 3.0 的代码只能写在关键帧和外部类文件，是完全面向对象的语言，不再严格区分按钮事件和影片剪辑事件，代码不会写在按钮和影片剪辑中。

许多事件与用户交互有关。基本事件处理指定为响应特定事件而应执行的某些动作的技术称为"事件处理"。在编程时需要处理、识别三个重要元素：

- 事件源：发生该事件的是哪个对象？
- 事件：将要发生什么事情，以及希望响应什么事情？
- 响应：当事件发生时，希望执行哪些步骤？

（2）侦听器的执行过程。

尽管在 AS 2.0 中也有侦听器，但让它发扬光大的还是 AS 3.0，绝大部分的事件都由侦听器完成。

- 注册侦听器：让系统知道要监听某一个事件可动作。
- 发送事件：事件发生时，执行某一个动作，也就是事件传递的过程。
- 侦听事件：对事件做出相应的处理。
- 移除侦听器：侦听事件会消耗系统资源，当不用时应及时移除。

8.2 案例2——带指针的钟表

8.2.1 案例效果

本案例通过 ActionScript 3.0 调用系统的计时器，并控制时针、分针、秒针的旋转，同时显示年、月、日和星期，如图 8-10 所示。

图 8-10 案例效果

8.2.2 实现步骤

（1）新建一个 Flash 文档，文档类型设置为"ActionScript 3.0"，宽度设为 400 像素，高度设为 380 像素，背景色为白色，如图 8-11 所示。

（2）选择菜单"文件"→"导入"→"导入到库"命令，选择"8-1BG．jpg"，新建一个影片剪辑元件，命名为"clockFace"，将背景文件拖入元件的舞台上，并对齐到舞台中心，如图 8-12 所示。

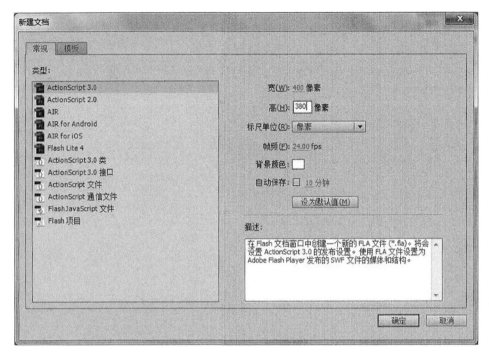

图 8-11　新建文档

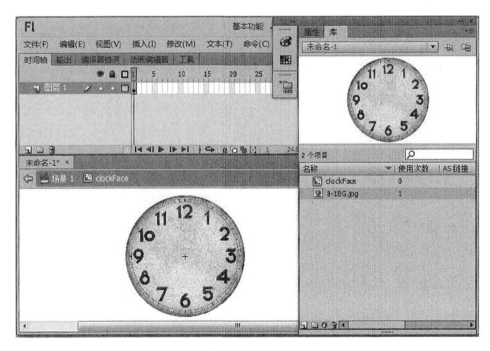

图 8-12　导入背景文件并中心对齐

（3）新建一个影片剪辑元件，命名为"hourHand"。利用基本绘图工具制作一个时针图形，如图 8-13 所示。

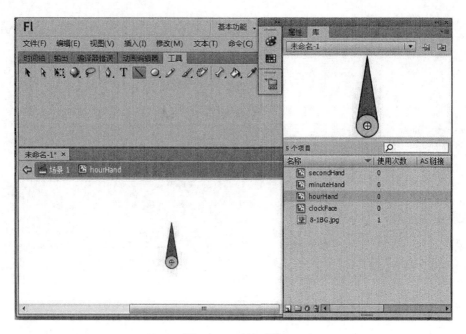

图 8-13　时针元件

（4）新建一个影片剪辑元件，命名为"minuteHand"。利用基本绘图工具制作一个分针图形，如图 8-14 所示。

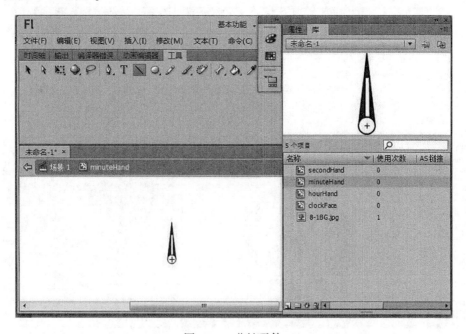

图 8-14　分针元件

（5）新建一个影片剪辑元件，命名为"secondHand"。利用基本绘图工具制作一个秒针图形，如图 8-15 所示。

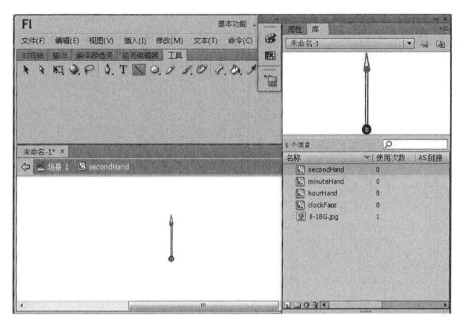

图 8-15　秒针元件

（6）将图层1重命名为"钟面"，并将影片剪辑"clockFace"拖动到主场景中。新建一个名为"时针"的图层，将"hourHand"影片剪辑拖动到主场景中，并命名为"hourHand"。新建一个名为"分针"的图层，将"minuteHand"影片剪辑拖动到主场景中，并命名为"minuteHand"。新建一个名为"秒针"的图层，将"secondHand"影片剪辑拖动到主场景中，并命名为"secondHand"。调整各个影片剪辑的位置，结果如图 8-16 所示。

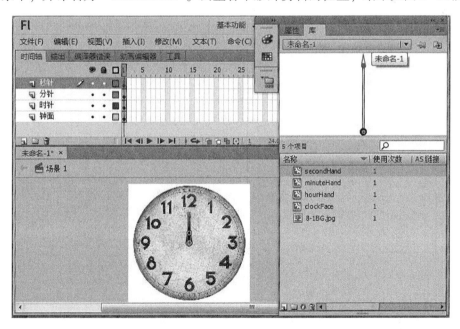

图 8-16　钟面成型

（7）新建一个图层，并命名为"日期"，在其中放置四个动态文本框，并分别命名为"yearText""monthText""dayText""weekText"，颜色为红色，字体系列为宋体，段落为居中对齐，消除锯齿为"使用设备字体"；再放置三个静态文本框，分别是"年""月""日"，颜色为紫色，宽度为18；可以增加其他文本框作为修辞用，如图8-17所示。

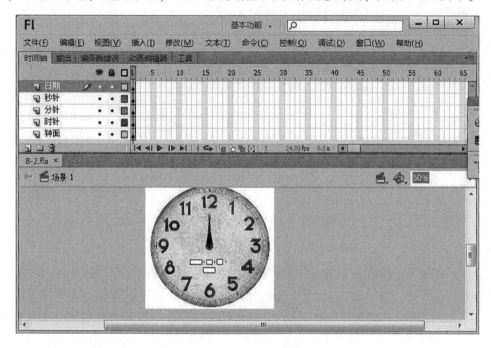

图8-17　加上日期和星期的钟面

（8）新建一个图层，并命名为"Actions"，在第1帧上右击，在弹出的快捷菜单中选择"动作"命令，在弹出的代码窗口中输入以下的代码：

```
import flash.utils.Timer;
import flash.events.TimerEvent;
var dateTime: Timer=new Timer (1000);
function displayTime (event: TimerEvent): void
{
    var nowTime: Date=new  Date ();
    var yearNumber=nowTime.fullYear;
    var monthNumber=nowTime.month+1; //计月从 0 开始
    var dateNumber=nowTime.date;
    var weekNumber=nowTime.day;
    var hr=nowTime.hours;
    var mt=nowTime.minutes;
    var sd=nowTime.seconds;
    var weekArray=new Array (" 星期日"," 星期一"," 星期二"," 星期三"," 星期四"," 星期五"," 星期六" );
    yearText.text=yearNumber;
```

```
monthText.text=monthNumber;
dayText.text=dateNumber;
weekText.text=weekArray[weekNumber];
if (hr>12)
{
    hr=hr-12;
}
hourHand.rotation=hr*30+mt/2;
minuteHand.rotation=mt*6+sd/10;
secondHand.rotation=sd*6;
}
dateTime.addEventListener (TimerEvent.TIMER, displayTime);
dateTime.start ();
```

（9）按下【Ctrl+Enter】组合键，调出调试界面，查看时钟的运行情况。

8.2.3　相关知识

1. ActionScript 3.0 的数据类型

ActionScript 3.0 基本数据类型有：布尔型（Boolean），默认值 False；整数（Int），默认值 0；数字（Number），默认值 NaN（Not a Number）；对象（Object），默认值 Null；字符串（String），默认值 Null；自然数（Uint），默认值 0。

说明：

（1）ActionScript 3.0 数据基本数据类型包括：Boolean，Int，Uint，Number，String，Void，Null。

（2）除基本数据类型以外的数据类型都是复杂数据类型，由于存储方式不同，使用原始数据类型要比使用复杂数据类型更加高效。

2. String 字符串

处理字符串，主要针对字符串的应用进行相关的处理。主要涉及的处理包括字符串的连接、在字符串中搜索、截取字符串、字符串的大小写转换等。

在 ActionScript 3.0 中有三种方式可以实现字符串的连接：使用+连接操作符、使用+=自赋值连接操作符和 String.concat()方法。

使用 String.concat()方法也可以把指定的字符串追加到原字符串的后面，并返回一个新的字符串，原字符串的值并不发生改变。

下面的示例使用这两种方法实现字母的大小写转换，代码如下：

```
//创建一个字符串
var str: String="Happy birthday!"
trace (str) //输出：Happy birthday!
//字符串转大写
var str1: String=str.toUpperCase ()
```

```
trace (str1) //输出：HAPPY BIRTHDAY!
trace (str) //输出：Happy birthday!
//字符串转小写
var str2：String=str.toLowerCase ()
trace (str2) //输出：happy birthday!
//字符串连接
Trace （"张三" +str) //输出：张三Happy birthday!
```

3. 类型转换

类型转换可以是"隐式"，也可以是"显式"。隐式转换又称"强制"。例如，若将 2 赋给 Boolean 类型的变量，则 Flash Player 会先将 2 转换为布尔值 true，然后再将其赋给该变量。

显式转换在代码指示编译器将一个数据类型的变量视为属于另一个数据类型时发生。在涉及基元值时，转换功能将一个数据类型的值实际转换为另一个数据类型的值。要将对象转换为另一类型，请用小括号括起对象名并在它前面加上新类型的名称。例如：

```
var myBoolean：Boolean；//定义一个布尔变量，并取默认值 False
var myIntger：int = int (myBoolean)；//定义一个整数变量
trace (myIntger)；//输出 0
数字字符转换为数值常用 int ()、uint ()、Number ()；
数值转换为字符常用 String ()。
```

4. 定时器对象

ActionScript 3.0 Timer 类允许通过添加时间事件或延时来调用方法。

ActionScript 3.0 Timer 定时器的使用方法：flash. utils. Timer 类允许通过添加时间事件或延时来调用方法。

通过 Timer 构造器创建实例对象，传递一个毫秒数字作为构造参数间隔时间，下面的代码为实例化一个 Timer 对象每隔 1 秒发出事件信号：

```
var nowtimer：Timer = new Timer (1000)；
```

一旦创建了 Timer 实例，接着必须添加一个事件监听器来处理发出的定时事件，Timer 对象发出一个 falsh. event. TimerEvent 事件，它是根据设置的间隔时间或延时时间定时发出。下面定义了一个事件监听，调用 onTimer () 方法作为处理函数：

```
nowtimer.addEventListener (TimerEvent.TIMER, onTimer)；
    function onTimer (event：TimerEvent)：void
    {
    trace (" on timer" )；
}
```

Timer 对象不会自动开始，必须调用 start () 方法启动：

```
nowtimer.start ()；
```

默认情况下，只有调用 stop（）方法才会停下来，不过另一种方法是传递给构造器第二个参数作为运行次数，默认值为 0，即无限次。下面的代码为设定定时器运行 5 次：

```
var nowtimer: Timer = new Timer (1000,5);
```

5. ActionScript 3.0 处理时间和日期

在 ActionScript 3.0 中，可以使用 Date 类来表示某一时刻，其中包含日期和时间信息。Date 实例中包含各个日期和时间单位的值，其中包括年、月、日、星期、小时、分钟、秒、毫秒以及时区。

例如：

var now: Date = new Date（）;

var hour = now.getHours（）;

var minute = now.getMinutes（）;

var second = now.getSeconds（）;

以下参数可获得系统的时、分、秒：

getDate：获取当前日期（本月的几号）;

getDay：获取今天是星期几（0-Sunday，1-Monday...）;

getFullYear：获取当前年份（四位数字）;

getHours：获取当前小时数（24 小时制，0~23）;

getMilliseconds：获取当前毫秒数;

getMinutes：获取当前分钟数;

getMonth：获取当前月份（注意从 0 开始：0-Jan，1-Feb...）;

getSeconds：获取当前秒数;

getTime：获取 UTC 格式的从 1970.1.1 0：00 以来的秒数;

getTimezoneOffset：获取当前时间和 UTC 格式的偏移值（以分钟为单位）;

getUTCDate：获取 UTC 格式的当前日期（本月的几号）;

getUTCDay：获取 UTC 格式的今天是星期几（0-Sunday，1-Monday...）;

getUTCFullYear：获取 UTC 格式的当前年份（四位数字）;

getUTCHours：获取 UTC 格式的当前小时数（24 小时制，0~23）;

getUTCMilliseconds：获取 UTC 格式的当前毫秒数;

getUTCMinutes：获取 UTC 格式的当前分钟数;

getUTCMonth：获取 UTC 格式的当前月份（注意从 0 开始：0-Jan，1-Feb...）;

getUTCSeconds：获取 UTC 格式的当前秒数;

getYear：获取当前缩写年份（当前年份减去 1900）;

new Date：新建日期时间对象;

setDate：设置当前日期（本月的几号）;

setFullYear：设置当前年份（四位数字）;

setHours：设置当前小时数（24 小时制，0~23）;

setMilliseconds：设置当前毫秒数;

setMinutes：设置当前分钟数；

setMonth：设置当前月份（注意从 0 开始：0-Jan，1-Feb...）；

setSeconds：设置当前秒数；

setTime：设置 UTC 格式的从 1970.1.1 0：00 以来的秒数；

setUTCDate：设置 UTC 格式的当前日期（本月的几号）；

setUTCFullYear：设置 UTC 格式的当前年份（四位数字）；

setUTCHours：设置 UTC 格式的当前小时数（24 小时制，0~23）；

setUTCMilliseconds：设置 UTC 格式的当前毫秒数；

setUTCMinutes：设置 UTC 格式的当前分钟数；

setUTCMonth：设置 UTC 格式的当前月份（注意从 0 开始：0-Jan，1-Feb...）；

setUTCSeconds：设置 UTC 格式的当前秒数；

setYear：设置当前缩写年份（当前年份减去 1900）；

toString：将日期时间值转换成"日期/时间"形式的字符串值；

UTC：返回指定的 UTC 格式日期时间的固定时间值。

8.3　案例 3——柳絮飘飘

8.3.1　案例效果

本案例应用 ActionScript 3.0 实现柳絮飘落的效果，应用动态创建元件的实例，进入事件帧的事件驱动机制，调用随机函数模拟柳絮飘落的过程，如图 8-18 所示。

图 8-18　案例效果

8.3.2　实现步骤

（1）新建一个 Flash 文档，文档类型设置为"ActionScript 3.0"，宽度设为 500 像素，高度设为 374 像素，背景色为白色，如图 8-19 所示。

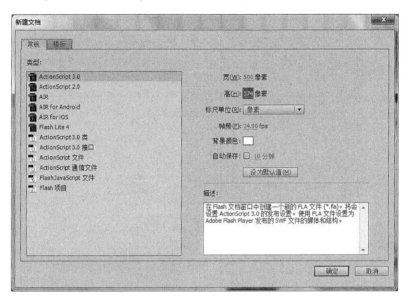

图 8-19　新建文档

（2）选择菜单"文件"→"导入"→"导入到库"命令，从弹对话框中选择"8-3bg.jpg"，单击"打开"按钮，完成导入，如图 8-20 所示。

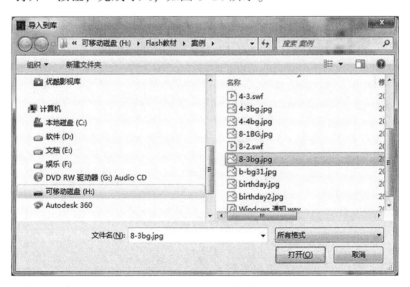

图 8-20　导入背景文件到库

（3）新建库元件影片剪辑"花絮"，在 ActionScript 链接中选择"为 ActionScript 导出（X）"和"在第 1 帧中导出"复选框，填写类名"fFlowerClass"，如图 8-21 所示。

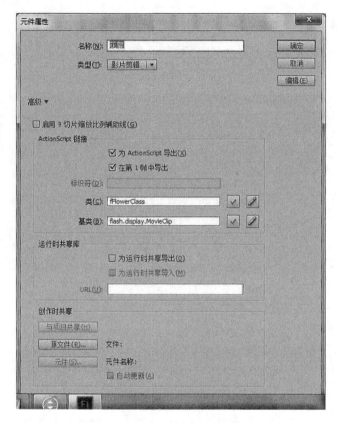

图 8-21　新建元件的属性设置

（4）将图层 1 重命名为 "BG"，打开 "库" 面板，将 "8-3bg. jpg" 拖放到舞台，按【Ctrl+K】组合键调出 "对齐" 面板，选择 "与舞台对齐" 复选框，水平居中，垂直居中。将背景图片居中，如图 8-22 所示。

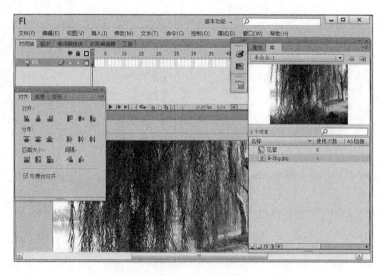

图 8-22　背景图片拖至舞台并居中

（5）选择第 1 帧右击，在弹出的快捷菜单中选择"动作"命令，在"动作"面板中输入以下代码，如图 8-23 所示。

```
for (var iCounter: int = 0; iCounter<200; iCounter++)
{
    var mc: MovieClip =new fFlowerClass ();
    addChild (mc);
    mc.x= Math.random () *stage.stageWidth;
    mc.y= Math.random () *stage.stageHeight;
    mc.scaleX=mc.scaleY=Math.random () *0.8+0.2;
    mc.alpha=Math.random () *0.6+0.4;
    mc.vx=Math.random () *2-1;
    mc.vy=Math.random () *3+3;
    mc.name=" mc" +iCounter;
}
```

图 8-23　新建飞絮对象

（6）在"动作"面板中单击"代码片断"按钮，在弹出的对话框中选择"事件处理函数"→"进入帧事件"选项，输入以下代码，如图 8-24 所示。

```
for (var iCounter: int =0; iCounter<250; iCounter++)
    {
    //将按名字 (" mc" +iCounter) 获取的元件对象 as (转换) 为前面定义的 MovieClip
        var mc: MovieClip =getChildByName (" mc" +iCounter) as MovieClip;
    //mc 的位置 (向下或左右) 运动
        mc.x+=mc.vx;
        mc.y+=mc.vy;         //到达底端时回到顶端
        if (mc.y>stage.stageHeight)
            {
                mc.y=0;
```

```
        }
//水平方向出界的 mc 回到舞台上
if (mc.x<0 ||mc.x>stage.stageWidth)
    {
        mc.x=Math.random () *stage.stageWidth;
    }
}
```

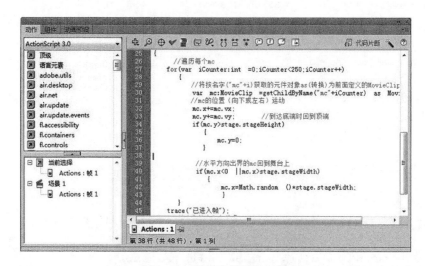

图 8-24　添加事件处理函数

（7）完成之后，如图 8-25 所示。

图 8-25　完成案例

8.3.3　相关知识

1. 舞台对象

要了解这个问题就要先对 Flash 中的显示对象结构有一个大概的了解，如图 8-26 所示。

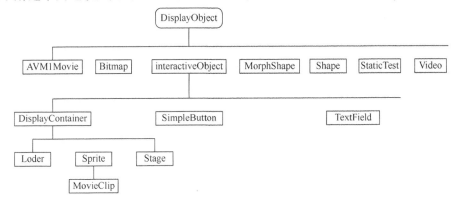

图 8-26　显示对象结构

常用对象简要说明如表 8-1 所示。

表 8-1　常用对象简要说明

对象类	说明
DisplayObject	表示 AS 3.0 所有显示对象的基础抽象类。只能被继承，不能实例化。拥有 x、y、alpha、root、parent 等属性，所有只要是继承了 DisplayObject 类的对象，都可以拥有这些属性和方法
AVM1Movie	代表 AS 1.0 和 AS 2.0 编写的 SWF 文件类，这表示载入的 SWF 文件不是使用 AS 3.0 编写时，二者无法调用对方的函数，需要通过 LocalConnect 类进行沟通
Bitmap	用来置入的 BitmapData 类，其来源可以是外部图像，也可以是 AS 3.0 产生的 BitmapData 类
StaticText	静态文本，无法用 AS 来建立的对象
DisplayObjectContainer	显示对象容器抽象类，可用 addChild（）方法，加入继承的 DisplayObject 的任何对象
Loader	用来加载 SWF 的文件或图像，用来代替 AS 2.0 的 MovieclipLoader 类
Sprite	没有时间轴的 MovieClip，很多时候需要一个容器来显示一些东西。没有时间轴的功能，此时可用 Sprite 类
Stage	继承 DisplayObjectContainer 的类。一个应用只能有一个实例。位于显示对象列表的最顶端。若要访问 Stage 可使用任何 DisplayObject 对象的 Stage 属性
Movieclip	实际应用时，类似于 Sprite 类，只是它拥有时间轴，并且是一个动态类

其中舞台（Stage）是最根本的容器，包含当前 SWF 的所有显示对象，每个 Flash 程序只能有一个舞台容器，即唯一实例 stage，就连主时间轴也是 stage 容器的子容器。

所有显示对象的 stage 属性指向舞台，是最顶层的容器。可以通过 Stage 的任何子容器或显示对象以 DisplayObjectContainer. stage（需注意的是 stage 是小写，如果在时间轴上 trace（stage. width）是正确的，如果写成 trace（Stage. width）则会报错）或 DisplayObject. stage

访问到 Stage 类的唯一实例 stage，就连主时间轴也是 Stage 容器的子容器。

在 AS 3.0 中 root 也是舞台下面的一个容器（在 AS 2.0 中_ root. 指代绝对路径），直接或间接继承自 DisplayObjectContainer 类，被称作当前 SWF 主类的实例。root 已经被 stage 取代，但两者之间又有些不同，显示对象的 stage 属性指向舞台，_ root 属性指向 swf 主类的实例。在 AS 3.0 中，每一个 SWF 都和一个类相关联，这个类就称为 SWF 的主类，如果没有设定文档类，则 MainTimeline 类（MainTimeLine 是 MovieClip 的子类）就是主类。

使用 stage 有下面几种方法：

（1）文档类的构造函数中可以直接使用 stage 属性。

（2）非文档类可以通过参数传递到类里面，代码如下：

```
class testStage extends Shape
{
    function testStage ( stage: Stage ) { }
}
```

（3）不想传递参数时，要注意代码的顺序：

```
class testStage extends Shape
{
    function testStage ( )
} {
    function useStage ( )
{
    trace ( stage );
} }
```

按如下过程使用：

```
var testMyStage=new testStage ( );
addChild ( testMyStage );          //添加到显示列表后，就可以使用 stage 属性
testMyStage. useStage ( );         // [object Stage]
stage. getChildAt ( 0 );           //读取第一个对象
```

2. 数学函数

常用的数学函数如表 8-2 所示。

表 8-2　常用数学函数

序号	函数名	含义
1	Math. abs（）	计算绝对值
2	Math. acos（）	计算反余弦值
3	Math. asin（）	计算反正弦值
4	Math. atan（）	计算反正切值
5	Math. atan2（）	计算从 X 坐标轴到点的角度

续表

序号	函数名	含义
6	Math. ceil ()	将数字向上舍入为最接近的整数
7	Math. exp ()	计算指数值
8	Math. floor ()	将数字向下舍入为最接近的整数
9	Math. log ()	计算自然对数值
10	Math. max ()	计算两个数中最大的一个
11	Math. min ()	计算两个数中最小的一个
12	Math. pow ()	计算 x^y 的值
13	Math. random ()	返回一个从 0 到 1 之间的伪随机数
14	Math. round ()	四舍五入一个最接近的整数
15	Math. sin ()	计算正弦值
16	Math. cos ()	计算余弦值
17	Math. tan ()	计算正切值
18	Math. sqrt ()	计算平方根

3. 实例数组

数组的元素可以是对象、数组等，如果元素还是数组，那么这种数组就成为多维数组。
AS 3.0 中的数组根据键值（Key）可以分为两种：

* 索引数组（Indexed Array）：使用数字来标志元素；
* 关联数组（Associative Array）：使用字符串或者对象来标志元素。

（1）索引数组。

```
var names: Array = ["Tom", "Jack", "Hank"];
trace (names [0]);
```

（2）关联数组。关联数组分为两种：使用字符串键值和使用对象键值。

① 字符串键值：

```
var monitorInfo: Object = {type:"Flat Panel", resolution:"1600x1200"};
trace (monitorInfo.type);
```

也可以使用下面的方法，但是不推荐使用：

```
var monitorInfo: Array = new Array ();
monitorInfo ["type"] = "Flat Panel";
```

Array 类只应用于创建索引数组，如果用其定义关联数组，Array 类的 length 等属性是不能使用的。

② 对象键值（Dictionary 类的使用）：

```
var groupMap: Dictionary = new Dictionary ();
var spr1: Sprite = new Sprite ();
```

```
var spr2: Sprite = new Sprite ();
groupMap [spr1] = " Red";
groupMap [spr2] = " Blue";
```

小　结

　　本章介绍了 Flash 的基本数据类型，部分控制流语句。ActionScript 3.0 与 ActionScript 2.0 对于相同功能的代码有很大的差别，前者是完全的面向对象编程思想，不再严格区分按钮事件和影片剪辑事件，代码不会写在按钮和影片剪辑中。

　　还介绍了事件的触发及侦听器的主要功能，通过侦听器，可以实现侦听到相应元件，侦听器操作主要有：注册侦听器、发送事件、侦听事件、移除侦听器。Timer 操作方法。

　　库中元件导出类的设置方法，通过元件的导出类创建该元件的实例，并控制该实例在 Flash Player 中的行为。舞台对象属性与方法、常用的数学函数、实例数组及有关的强制类型转换。

实 战 演 练

　　(1) 新建一个 Flash 文档，添加一个输入文本和一个动态文本，并添加两个名字分别为计算和清除的按钮元件，实现对一个输入数的奇偶判断。

　　(2) 新建一个 Flash 文档，添加一个输入文本、一个动态文本和两个按钮（启动、停止)，实现对输入的秒数进行按秒倒计时。

　　(3) 制作一个秋天叶子纷纷下落的动画。

第9章 综合应用案例

在 Flash 动画日益流行的今天，利用幽默、夸张、动感的风格，制作具有创意性的广告，已经成为一种有效的商业宣传方式。Flash 动画短小、精悍、情节画面夸张起伏，能够在短时间内吸引观众的注意力，传达最深感受；Flash 动画具有交互性，可以更好地满足观众的需要，观众可以通过鼠标和键盘等决定动画的播放内容，使广告更加人性化。

Flash 广告是目前应用最多、最流行的网络广告形式，而且，很多电视广告也应用 Flash 软件进行设计。Flash 以独特的技术和特殊的艺术表现，给人们带来了特殊的视觉效果。

Flash 广告形式多样、尺寸也多种多样，在网页上看到的广告包括 Banner、Button、通栏、竖边、巨幅等形式。

本章介绍用 Flash CS6 制作综合实例的方法，通过对 3 个案例的制作来复习前面所介绍的 Flash CS6 的各种功能和工具，并学会综合应用。本章主要内容包括：

（1）制作 Flash 商业广告。

（2）制作 Flash 片头动画。

（3）制作教学课件。

9.1 案例1——制作 Flash 广告

9.1.1 案例效果

随着互联网的普及，网络广告这一新型广告形式已经越来越为企业所接受，无论是门户网站，还是其他拥有较大流量的网站，网站广告已无处不在。将广告投放到网站当中，无疑是一种投资少、地域广、见效快的广告形式。

本案例设计的是智慧校园改版展开广告，如图 9-1 和图 9-2 所示。在广告中单击"关"或"开"按钮，可以关闭或展开广告，阅读广告内容。这样，在不影响网站美观的前提下，起到很好的广告效果。

<table>
<tr><td>图 9-1　效果图一</td><td>图 9-2　效果图二</td></tr>
</table>

9.1.2　实现步骤

（1）新建一个尺寸为 300 像素×300 像素的 Flash 文档，并保存文件，文件名为"智慧校园全新改版广告"。将图层 1 命名为"广告"，使用"矩形工具"沿舞台绘制一个与文档尺寸相同的蓝色（#0099FF）矩形，并对齐到舞台中心，然后将矩形转换为影片剪辑元件，命名为"广告"，如图 9-3 所示。

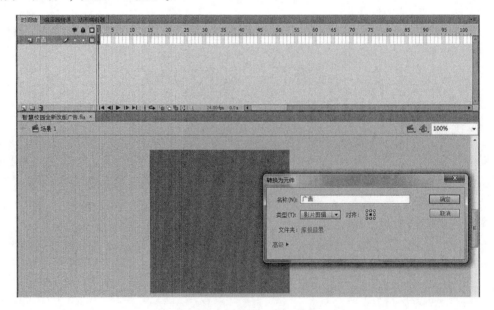

图 9-3　制作"广告"元件

（2）双击进入"广告"元件的内部，延长帧至第 55 帧。新建"t1"图层，在舞台上输入文字并转换为图形元件。然后在该图层的第 10 帧插入关键帧，将第 1 帧的透明度设置为 0，并在这两个关键帧之间创建传统补间，制作文字渐显的入场动画，如图 9-4 所示。

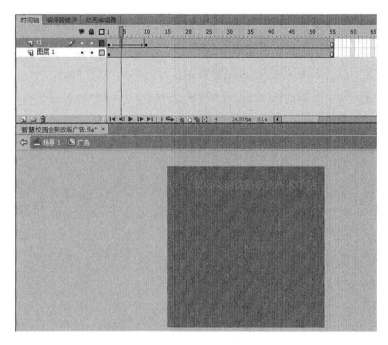

图 9-4　制作 "t1" 图层

（3）采用同样的方法，制作另一行文字的入场动画。然后新建 "宣传图片" 图层。在第 20 帧插入关键帧，导入本例素材 "学校宣传图 1. tif"，将其摆放在文字的下方。将图片转换为图形元件，命名为 "宣传图"。在该图层的第 30 帧插入关键帧，将第 20 帧实例的 "亮度" 设置为 100%，然后在这两个关键帧之间创建传统补间，制作宣传图的入场动画，如图 9-5 所示。

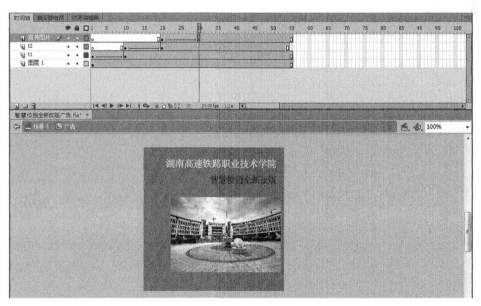

图 9-5　"广告" 元件效果

（4）新建"按钮"图层，沿舞台绘制一个与文档尺寸相同的矩形，按【F8】键将其转换为按钮元件。双击进入该元件的内部，将"弹起"帧拖动至"单击"帧，制作隐形按钮。返回"广告"元件的编辑界面，在"属性"面板中将实例命名为"btn"。然后新建"动作"图层，在"动作"面板中输入控制脚本，如图9-6和图9-7所示。

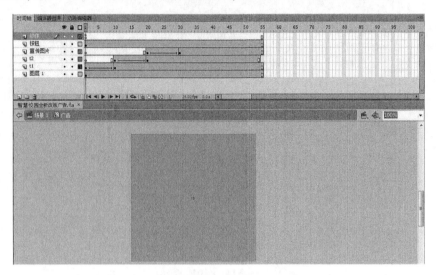

图 9-6　"按钮"和"动作"图层的创建

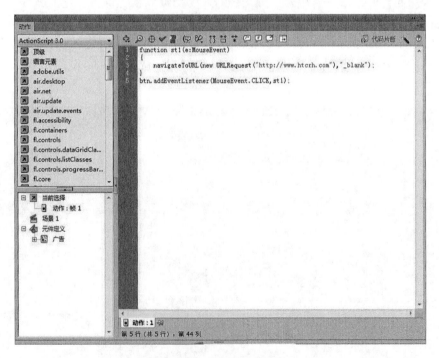

图 9-7　控制脚本输入

（5）返回场景1，将动画总帧数设置为40帧。新建"三角形"图层，在舞台上绘制一个三角形并转换为图形元件。在该图层的第20、40帧插入关键帧，将第20帧的三角形向右上角移动一段距离，然后在这两个关键帧之间创建传统补间，制作三角形的移动动画，如图 9-8 所示。

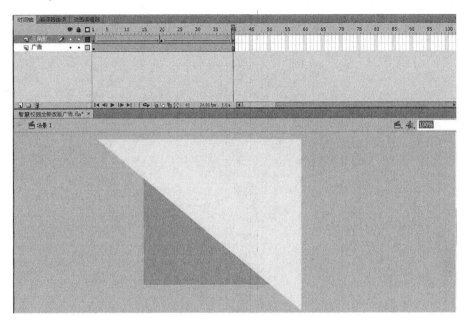

图 9-8　"三角形"移动动画

（6）选择"三角形"图层，右击，在弹出的快捷菜单中选择"遮罩层"命令，创建遮罩层，如图 9-9 所示。新建"卷角"图层，在舞台上画出类似图书卷角的图形，并转换为图形元件，取名为"卷角"双击进入该元件的内部，分层画出卷角的阴影部分，如图 9-10 所示。

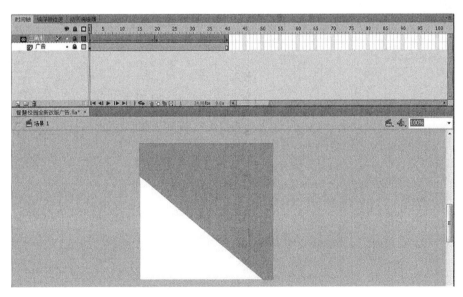

图 9-9　创建遮罩层

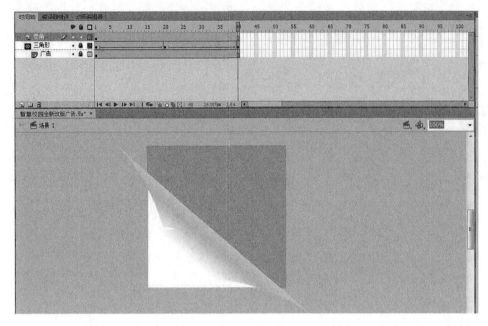

图 9-10　创建"卷角"图层

（7）返回场景 1，在"卷角"图层的第 20、40 帧插入关键帧，将第 20 帧的卷角向右上角移动一段距离并缩小到 14%左右，然后在这两个关键帧之间创建传统补间，如图 9-11所示。

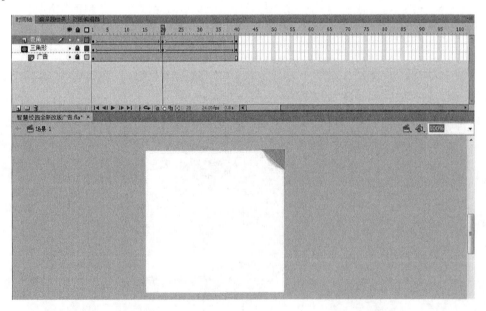

图 9-11　为"卷角"图层创建补间动画

（8）新建"文字"图层，使用"文字工具"在"卷角"上输入文字"关"。然后在第2、20 帧插入空白关键帧，在第 20 帧的卷角上输入文字"开"，如图 9-12 所示。

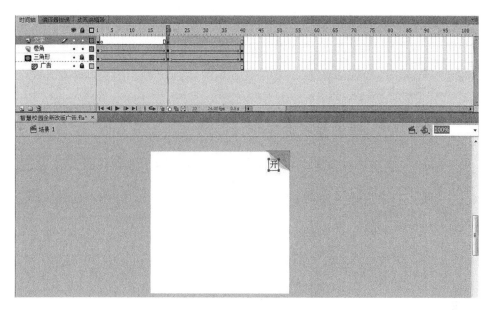

图 9-12 创建"文字"图层

（9）新建"按钮"图层，使用"矩形工具"在文字上绘制一个矩形，并定义为按钮，命名为"按钮 2"。在该元件中将"弹起"帧拖动至"单击"帧，制作隐形按钮。返回场景 1，在"属性"面板中将按钮实例命名为"close_ btn"。同样，在"按钮"图层的第 2、20 帧插入空白关键帧，在第 20 帧的文字上也添加"按钮 2"实例，在"属性"面板中命名为"open_ btn"，如图 9-13 所示。

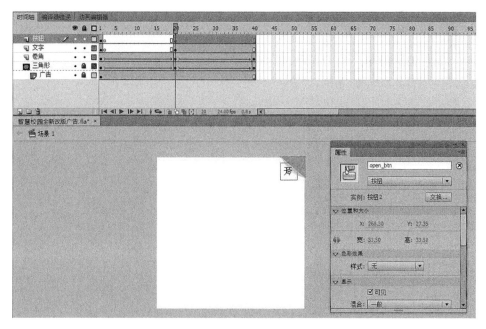

图 9-13 创建"按钮"图层并添加按钮

（10）新建"动作"图层，在第1、20 帧分别添加脚本，如图 9-14 所示。至此，展开广告制作完毕。

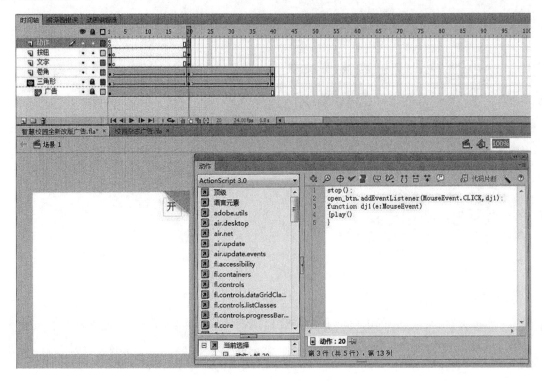

图 9-14　为"动作"图层添加脚本

9.1.3　相关知识

本案例的相关知识有：
（1）制作实例入场的传统补间动画。
（2）制作"三角形"移动的传统补间动画。
（3）制作"卷角"移动缩放的传统补间动画。
（4）使用遮罩制作"卷角"展开动画。
（5）使用"动作"面板编写脚本。

9.2　案例2——制作 Flash 片头动画

9.2.1　案例效果

本案例是为房地产公司锦绣世家设计的网站片头动画，如图 9-15 所示。在蓝色的夜空下，一家四口手牵手，随着音乐的响起，缓缓进入画面。这个画面营造了一种温馨、和谐的视觉境界，使人不禁对锦绣世家产生了美好的联想。

图 9-15 锦绣世家网站片头动画效果

9.2.2 实现步骤

（1）打开本例"动画素材.fla"文件，按【Ctrl+J】快捷键打开"文档设置"对话框，设置"尺寸"为 690 像素×370 像素，"帧频"为 20 fps，并用文件名"锦绣世家网站片头动画.fla"保存文件，如图 9-16 所示。

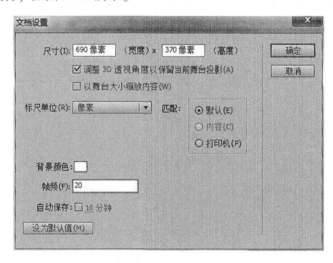

图 9-16 设置文档属性

（2）将图层 1 更名为"music"，选择第 1 帧，在"属性"面板中设置声音的"名称"为 5.mp3，"同步"为"事件"。然后在第 281 帧按【F5】键延长帧，设置好动画的总帧数，如图 9-17 所示。

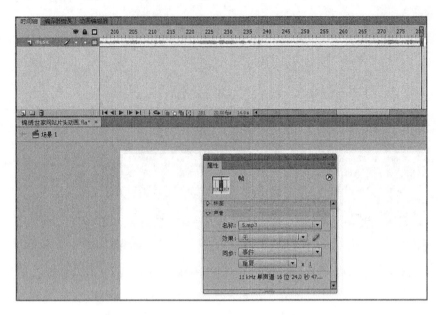

图 9-17　设置 "music" 图层

（3）新建 "背景" 图层，将 "背景" 元件拖入舞台，在第 250 帧插入关键帧，将舞台上的实例向右移动，然后在这两个关键帧之间创建传统补间，制作背景移动动画，如图 9-18 所示。

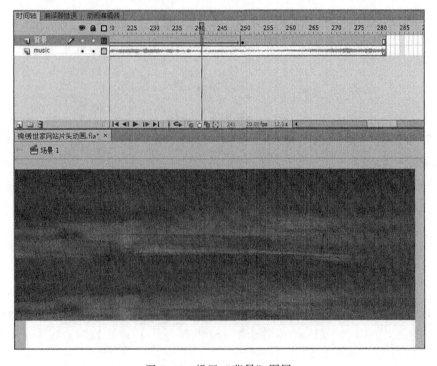

图 9-18　设置 "背景" 图层

（4）新建"月亮"图层，在第 26 帧插入关键帧，将"月亮"元件拖动到舞台右上角，在第 250 帧插入关键帧，将实例向右移出舞台，然后在这两帧之间创建传统补间，制作月亮移动动画，如图 9-19 所示。

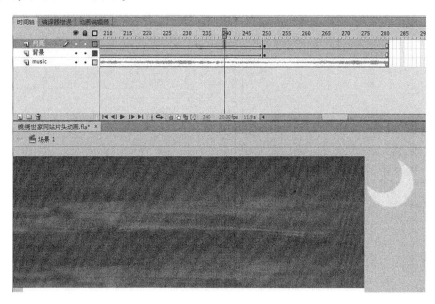

图 9-19 设置"月亮"图层

（5）在"月亮"图层的下方新建"前景"图层，将"前景"元件拖入舞台，分别在第 26、112、250 帧插入关键帧，将第 112 帧的实例向右移动较大距离，第 250 帧的实例只稍微移动，然后在这 3 个关键帧之间创建传统补间，制作前景移动动画，如图 9-20 所示。

图 9-20 设置"前景"图层

（6）新建"云1"图层，将"云1"元件拖动到舞台左侧外面，在"属性"面板中设置"色彩效果"样式为"高级"，将实例的色彩调整为白色，Alpha为40%，如图9-21所示。然后新建"云2"图层，在第12帧插入关键帧，采用同样的方法，调整好实例的色彩。

图9-21　设置"云1"图层

（7）新建"mask"图层，使用绘图工具在舞台上画出黑色不规则图形，如图9-22所示。在第4帧插入关键帧，使用"选择工具"将图形的下边拉成弧形。然后在第8帧插入关键帧，使用"选择工具"将图形的左边向下拉长，如图9-23所示。

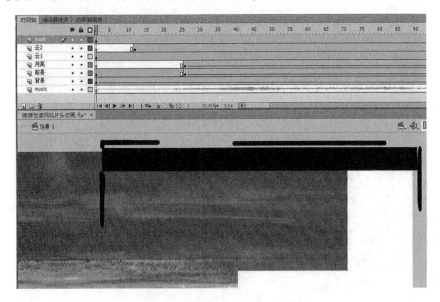

图9-22　设置"mask"图层

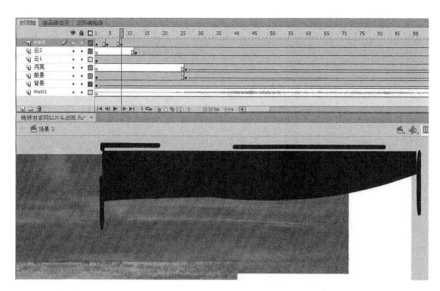

图 9-23　改变图形形状

（8）采用上述方法，依次在 mask 图层的第 12、16、19、21 帧插入关键帧，分别在前一关键帧图形的基础上调整形状，完成后在每两帧之间创建补间形状。然后在第 24 帧插入关键帧，画出完整的图形，并把第 22 帧转换为空白关键帧，如图 9-24 所示。

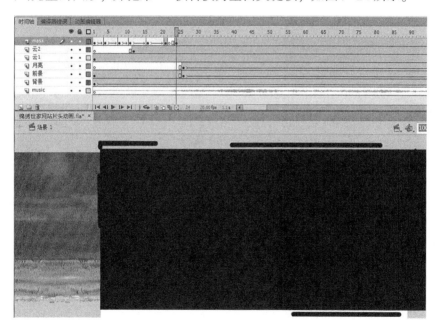

图 9-24　为"mask"图层创建补间形状

（9）选择"mask"图层，右击，在弹出的快捷菜单中选择"遮罩层"命令，设置"遮罩层"。然后使用"选择工具"分别将其下方的图层（"music"图层除外）向右拖动，使其成为被遮罩层。这样，画面逐步显示的动画就制作好了，如图 9-25 所示。

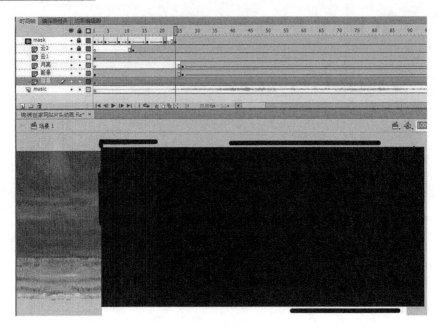

图 9-25　设置遮罩层

（10）新建"logo"图层，在第 100 帧插入关键帧，将元件 logo 拖动到舞台右侧外面，在"变形"面板中将其比例缩小至 1%，如图 9-26 所示。

图 9-26　新建"logo"图层

（11）在"logo"图层的时间轴上右击，在弹出的快捷菜单中选择"创建补间动画"命令。然后选择第 127 帧，将实例移进舞台，等比例放大至 100%。这时，Flash 会自动记录运动路径并创建属性关键帧。

（12）使用"选择工具"将路径调整为弧线，并在第 136 帧按【F6】键插入关键帧。选择第 132 帧，将实例等比例放大至 120%。同样，Flash 会自动在该帧创建属性关键帧，如图 9-27所示。

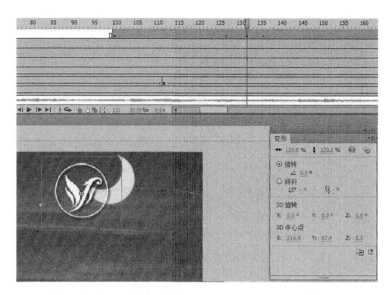

图 9-27　设置"logo"图层动画

（13）新建"字 1"图层，在第 142 帧插入关键帧，输入文字"锦绣世家"，并转换为元件，移动到 logo 右侧。在第 146、150 帧插入关键帧，将第 142 帧的实例缩小，第 146 帧的实例放大，然后在这 3 个关键帧之间创建传统补间，制作"字 1"的缩放动画，如图 9-28 所示。

图 9-28　设置"字 1"图层

（14）新建"字 2"图层，在第 146 帧插入关键帧，输入文字"JINXIU GARDEN"，并转换为元件，移动到"字 1"的下方，采用同样的方法制作"字 2"的缩放动画，如图 9-29 所示。

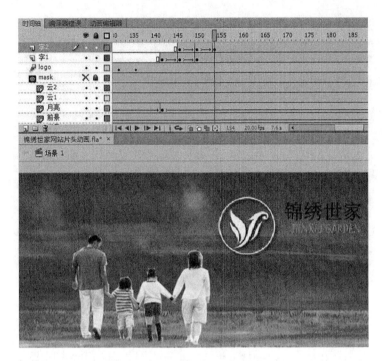

图 9-29　设置"字 2"图层

（15）新建"字 3"图层，在第 158 帧插入关键帧，输入文字"2018，有爱有家"。调整好位置、大小与旋转角度，如图 9-30 所示。

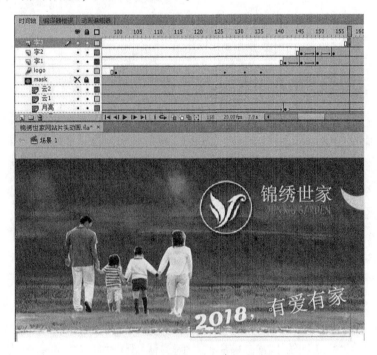

图 9-30　设置"字 3"图层

（16）新建"mask2"图层，在第 158 帧插入关键帧，绘制一个矩形条并进行倾斜，让其完全覆盖住"字 3"图层文字。在第 180 帧插入关键帧，并删除第 158 帧的矩形，只保留前面一部分。在这两帧之间创建补间形状，然后将该图层设置为遮罩层，让"字 3"逐渐出现，如图 9-31 所示。

图 9-31　设置"mask2"图层

（17）新建"句号"图层，在第 183 帧插入关键帧，使用"刷子工具"在文字的右下角绘制一个橙色的句号。分别在第 185、187、189、191、193 帧插入关键帧，使用"橡皮擦工具"逐一擦去各帧句号的一部分，以制作手写句号的逐帧动画，如图 9-32 所示。

图 9-32　设置"句号"图层

（18）新建"skip"图层，将"skip"按钮拖入舞台，将实例命名为"btn1"。在第158、163 帧插入关键帧，将第 163 帧实例的 Alpha 设置为 0，然后在这两个关键帧之间创建传统补间，制作实例渐隐的动画，如图 9-33 所示。采用同样的方法制作"enter"按钮渐显的动画，如图 9-34所示。

图 9-33　设置"skip"图层

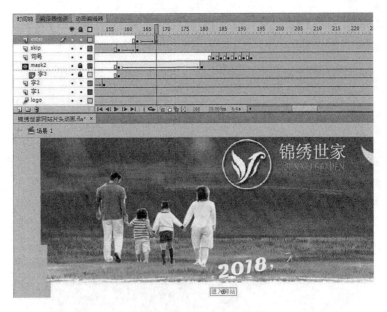

图 9-34　设置"enter"图层

（19）新建 AS 图层，选择第 1 帧，在"动作"面板中输入脚本。在第 280 帧插入关键帧，在"动作"面板中添加脚本，如图 9-35 所示。至此，网站片头动画制作完成了。保存文件，按【Ctrl+Enter】组合键测试影片。最终效果如图 9-36 所示。

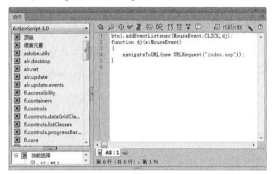

图 9-35　设置 AS 图层脚本

图 9-36　最终效果

9.2.3　相关知识

本案例的相关知识有：

（1）使用"属性"面板添加背景音乐。

（2）制作实例移动的传统补间动画。

（3）制作图形渐显的形状补间动画。

（4）使用遮罩制作画面渐显的动画。

（5）制作 logo 沿路径进入画面的传统补间动画。

（6）制作标题文字缩放的传统补间动画。

（7）使用遮罩制作文字逐个出现的动画。

（8）使用关键帧制作手写句号的逐帧动画。

（9）使用"动作"面板编写脚本。

9.3 案例3——制作教学课件《春晓》

随着多媒体教学的普及，Flash 技术越来越广泛地应用到课件制作中，使课件功能更加完善，内容更加精彩，学习者也从中体会到更多的乐趣。本案例通过介绍语文课件的制作方法和技巧，让读者快速掌握课件制作的一般流程、控制脚本的添加，以及人机交互的实现方法。

9.3.1 案例效果

本案例制作的课件是唐代诗人孟浩然的——《春晓》，通过动画的形式将诗人所描述的一幅幅场景，生动形象地呈现在学生面前，再配以合适的背景音乐，让学生领略到诗中如画般的意境，以便能对诗句形成深刻的记忆。本案例分 3 个场景，第一个是封面，如图 9-37 所示；第二个是介绍场景，如图 9-38 所示；第三个是主场景，如图 9-39 所示。

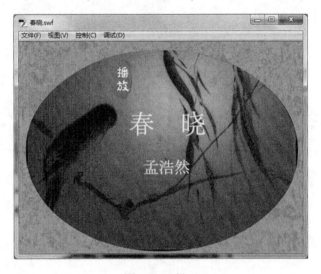

图 9-37　封面

图 9-38　诗句介绍和作者介绍

图 9-39　主场景

9.3.2　实现步骤

1. 制作封面

（1）在文档"属性"面板中设置"背景颜色"为灰色（#999999），"帧频"为 12 fps。然后打开"场景"面板，将场景 1 更名为"fm"，并添加"js"和"main"两个场景，如图 9-40 所示。

图 9-40　三个场景

（2）在"场景"面板中选择"fm"场景，进入该场景的编辑界面。将图层 1 命名为"封面"，将"封面"元件拖入舞台并对齐到中心，并将时间轴的帧数延长至第 30 帧。新建"框"图层，将"元件"拖入并对齐到舞台中心，如图 9-41 所示。

（3）新建 5 个图层，从下到上依次命名为"标题""作者""播放""AS""声音"。分别将按钮元件"播放""标题""作者"拖入相应的图层中，在"属性"面板中将实例依次命名为"btn1""btn2""btn3"，"btn1"按钮的属性如图 9-42 所示。

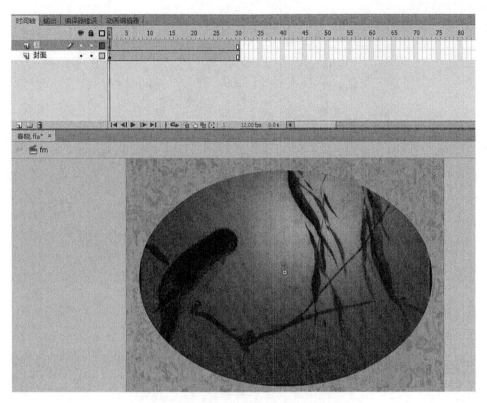

图 9-41 "封面"和"框"图层

图 9-42 设置"btn1"按钮属性

（4）选择"标题"图层的第 15 帧，按【F6】键插入关键帧，将第 1 帧实例缩小并设置 Alpha 为 0，然后在这两帧之间创建传统补间。采用同样的方法，分别制作按钮实例"作者"和"播放"渐显的传统补间动画，如图 9-43 所示。

（5）在"AS"图层的第 30 帧按【F6】键插入关键帧，在"属性"面板中将帧命名为"shou01"。按【F9】键打开"动作"面板，输入控制脚本，如图 9-44 所示。

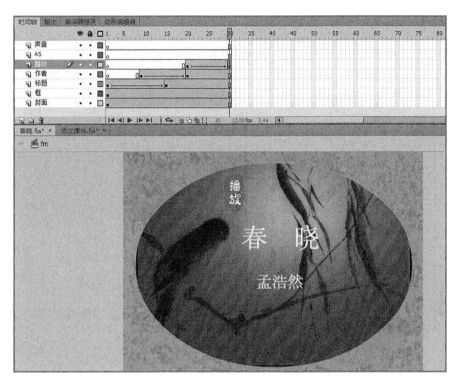

图 9-43　创建补间动画

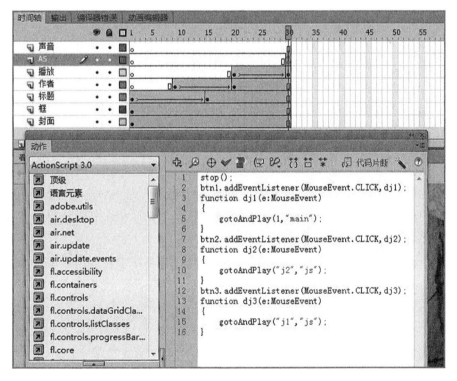

图 9-44　输入控制脚本

（6）选择"声音"图层，在"属性"面板中设置声音名称为"guzheng. wav"。背景音乐是从进入封面就开始播放，并始终贯穿整个课件，因此，将声音的"同步"设置为"事件""循环"，如图 9-45 所示。至此，封面的制作就完成了。保存文件，按【Ctrl+Enter】组合键测试影片。

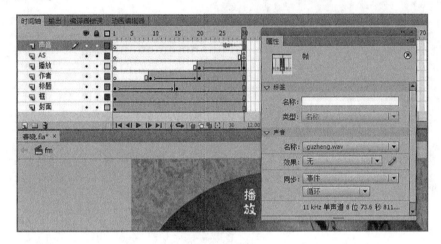

图 9-45　设置背景音乐

2. 制作介绍场景

介绍场景是课件的作者介绍与诗文介绍部分。在"场景"面板中选择"js"场景，进入该场景的编辑界面。

（1）从"库"面板中将"孟浩然图"元件拖入舞台，调整好大小与位置，并将帧延长至第 15 帧。

（2）新建"框"图层，进入"fm"场景，复制"框"图层的第 1 帧，粘贴至"js"场景"框"图层的第 1 帧。这样，就保证了画面的一致性。

（3）新建"作者简介"图层，将"作者介绍"元件拖到舞台适当位置处。新建"mask"图层，绘制一个比"作者简介"稍大的矩形，覆盖在该实例上，并将矩形转换为"矩形"图形元件。然后分别在这两个图层的第 11 帧按【F7】键，删除帧，如图 9-46 所示。

（4）在"mask"图层的第 10 帧插入关键帧，将第 1 帧的矩形向右移出舞台，并在这两个关键帧之间创建传统补间动画。右击"mask"图层，在弹出的快捷菜单中选择"遮罩层"命令，创建遮罩，如图 9-47 所示。

（5）新建"诗文介绍"图层，在第 11 帧插入关键帧，使用"文本工具"在舞台上输入诗《春晓》的内容介绍。新建"返回"图层，将"返回"按钮拖到舞台适当位置处，在"属性"面板中将实例命名为 b1。在"返回"图层的第 11 帧插入关键帧，将按钮移至"诗文介绍"的右下角，在"属性"面板中将实例更名为 b2，如图 9-48 所示。

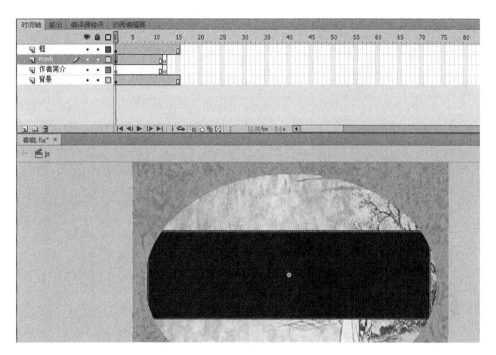

图 9-46　"作者简介"及"mask"图层

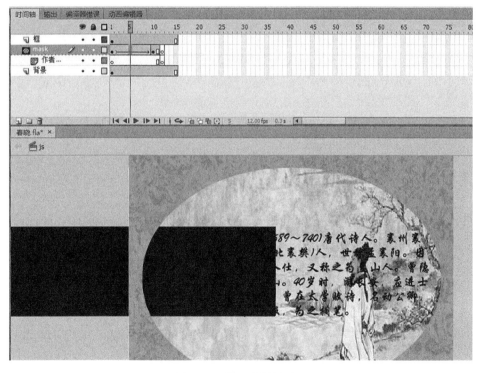

图 9-47　设置遮罩层动画

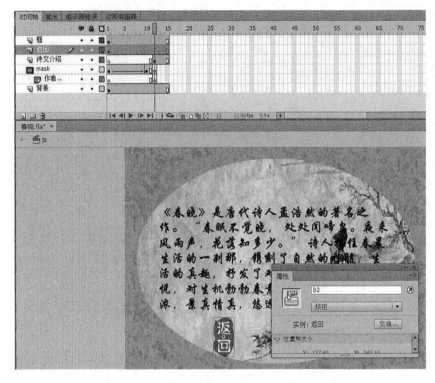

图 9-48 　"诗文介绍"及"返回"图层的设置

（6）新建"as"图层，选择第 1 帧，在"属性"面板中将帧标签命名为"j1"。

（7）分别在第 10、11、15 帧插入空白关键帧，将第 11 帧的标签命名为"j2"。选择第 10、15 帧，在"动作"面板中输入控制脚本，如图 9-49 和图 9-50 所示。至此，该场景的制作就完成了。保存文件，按【Ctrl+Enter】组合键测试影片。

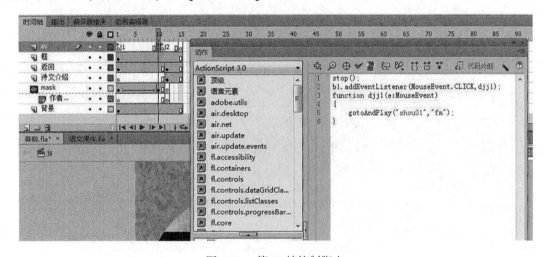

图 9-49 　第 10 帧控制脚本

图 9-50　第 15 帧控制脚本

3. 制作主场景

主场景是课件的主体，包括整首诗的全部画面与手动翻页部分的画面。通过单击"自动"或"手动"按钮，将诗中如画般的意境生动形象地呈现在学生面前。

（1）制作标题页面和句一的画面。

① 在"场景"面板中选择"main"场景，进入该场景的编辑界面。将图层 1 命名为"背景"，然后新建"框"图层，并依次将"bj"和"框"元件拖入相应的图层中。

② 继续新建"标题"、"作者"和"声音"三个图层，将"春晓"和"孟浩然"拖入相应的图层中。将"标题"和"作者"图层中的实例制作淡入的动画。以标题为例，在第 10 帧插入关键帧，再将第一帧的实例缩小，在"属性"面板中设置 Alpha 值为 0，然后在第 1~10 帧创建传统补间，制作实例淡入的动画。采用同样的方法制作"作者"图层。并将"标题"和"作者"两层延长至第 35 帧，如图 9-51 所示。

③ 从标题画面切换到句一画面，需要做一个转场，将前面的画面做个处理，以便很好地与后面衔接。在"背景"图层上方新建"转场 1"图层，制作背景层实例从第 35 帧到第 65 帧淡出的动画，在"转场 1"图层第 50 帧插入"句一背景"图片，并转换为元件，制作从第 50 帧到第 65 帧的淡入动画，如图 9-52 所示。

④ 新建"句一"图层，在第 65 帧插入空白关键帧，输入第一句诗，在"声音"图层的第 65 帧插入空白关键帧，在"属性"面板中设置声音名称为"zhi1.wav"，"同步"为"数据流"，以便让声音与画面同步。这样，在时间轴上便可看到声音的波形线了，如图 9-53 所示。

⑤ 在"句一"图层的上方新建"遮罩"图层，绘制一个矩形覆盖住整句诗，并将矩形转换为图形元件。在第 130 帧插入关键帧，将第 65 帧的矩形向左移动一段距离，使其不遮盖住文字，如图 9-54 所示。

图 9-51　主场景标题画面设置

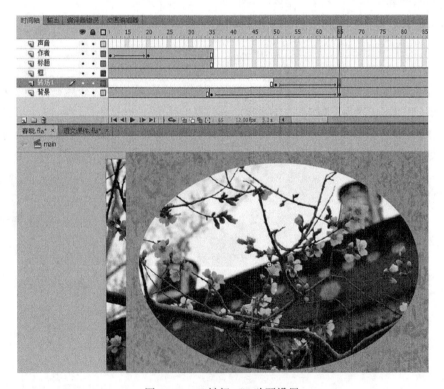

图 9-52　"转场 1"动画设置

图 9-53　设置"句一"和"声音"图层

图 9-54　制作"遮罩"图层

⑥ 在"遮罩"图层的两个关键帧之间创建传统补间，然后在"遮罩"图层上右击，在

弹出的快捷菜单中选择"遮罩层"命令。这样，第一个画面就制作完成了，如图 9-55 所示。

图 9-55　句一文字逐个显示动画

⑦ 在"遮罩"图层的第 140、160 帧各插入一个关键帧，将第 160 帧的矩形下移至文字全部显示，在第 140 帧和第 160 帧之间设置补间动画，制作出文字淡出效果，如图 9-56 所示。

图 9-56　句一文字淡出动画

⑧ 选择时间轴的第 65 帧，按【Enter】键，预览画面，看文字的显示和声音是否能基本同步。然后将"遮罩"图层上矩形的运动做些微调，直至达到满意的效果。

（2）开始制作后三句的画面。

① 先将句一的画面淡出，再新建"转场 2"图层，做一个淡入的句二背景，如图 9-57 所示。

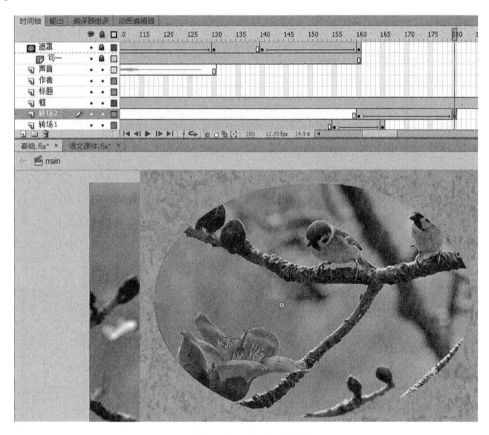

图 9-57　句二背景动画

② 新建"句二"和"遮罩"两个图层，在"句二"图层的第 180 帧插入文字"处处闻啼鸟"，在"遮罩"图层制作遮罩动画，句一已详细介绍，不再赘述。制作完成后效果如图 9-58 所示。

③ 制作句二背景淡出，新建"转场 3"图层，做一个淡入的句三背景，如图 9-59 所示。

④ 新建"句三"和"遮罩"两个图层，在"句三"图层的第 285 帧插入文字"夜来风雨声"并设置声音"雨声 . mp3"，在"遮罩"图层制作遮罩动画，制作完成后效果如图 9-60 所示。

⑤ 制作句三背景淡出，新建"转场 4"图层，做一个淡入的句四背景，如图 9-61 所示。

图 9-58　句二动画设置

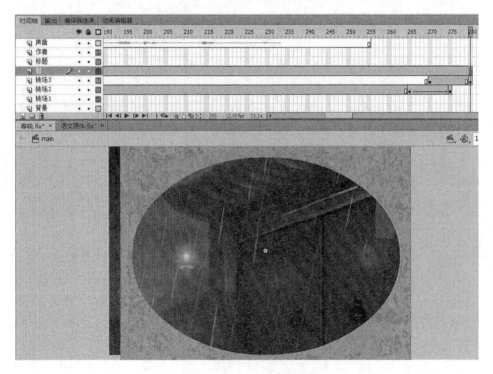

图 9-59　句三背景动画

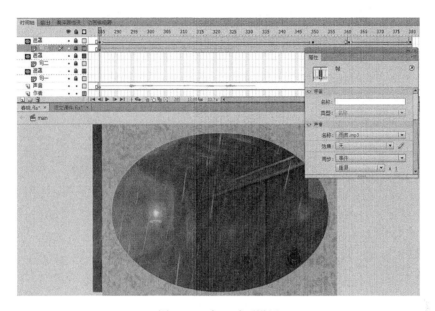

图 9-60　句三动画设置

图 9-61　句四背景动画

⑥ 新建"句四"和"遮罩"两个图层，在"句四"图层的第 390 帧插入文字"花落知多少"，在"遮罩"图层制作遮罩动画，制作完成后效果如图 9-62 所示。至此，整首诗的画面全部完成。

图 9-62　句四动画设置

⑦ 下面需要做的是手动部分的画面。因为画面是一样的，所以直接将前面的所有图层上的帧复制，然后粘贴到一个新的图层上即可。新建"AS""自动""手动""选择按钮"四个图层。时间轴延长到第 890 帧，在第 857 帧上完整显示全诗，利用前面已有的图层，也制作遮罩效果，让诗句从上到下逐行显示。因为该画面可以通过添加按钮和 AS 代码，所以只需要手动和自动共用一个画面即可。详细制作过程如图 9-63～图 9-73 所示。最后，保存文件，按【Ctrl+Enter】组合键测试影片。

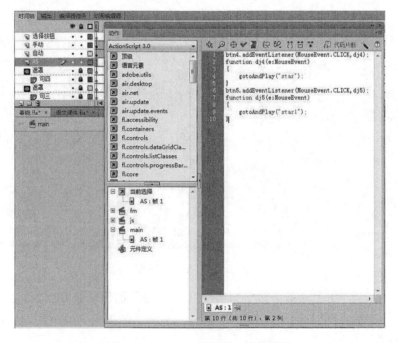

图 9-63　"AS" 图层第 1 帧的代码

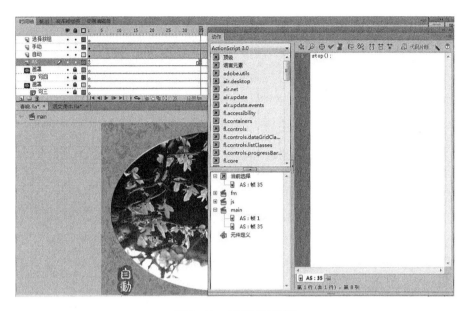

图 9-64 封面结束代码

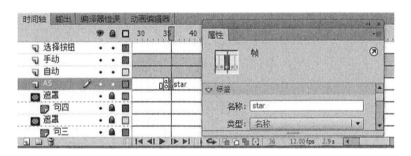

图 9-65 诗句自动播放开始帧

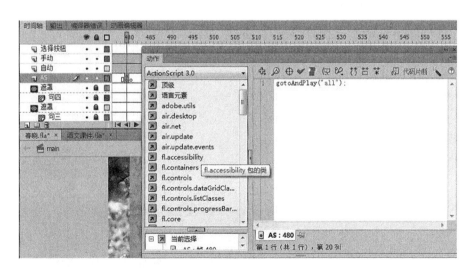

图 9-66 诗句自动播放结束帧的动作代码

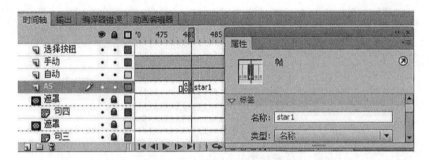

图 9-67　诗句手动播放开始帧

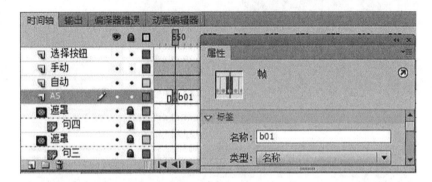

图 9-68　诗句手动播放句一

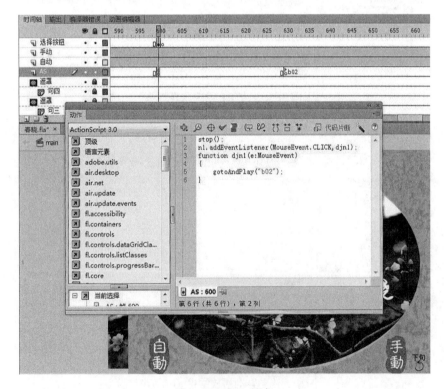

```
1  stop();
2  n1. addEventListener(MouseEvent.CLICK, djn1);
3  function djn1(e:MouseEvent)
4  {
5      gotoAndPlay("b02");
6  }
```

图 9-69　句一结束

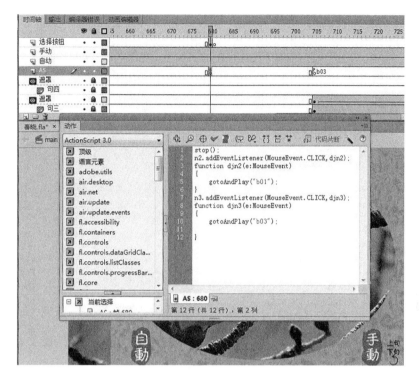

图 9-70　句二结束

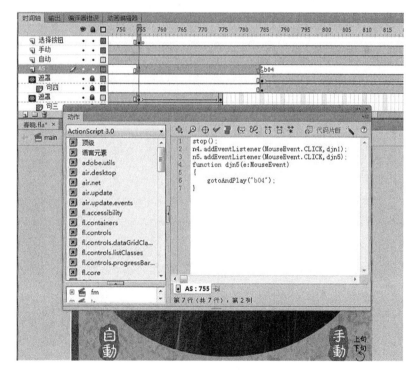

图 9-71　句三结束

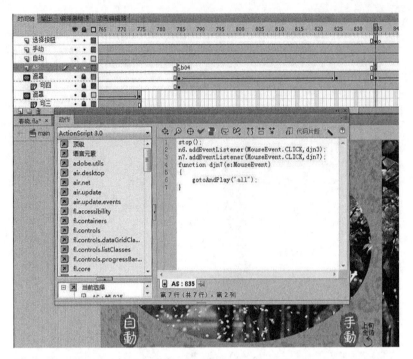

图 9-72　句四结束

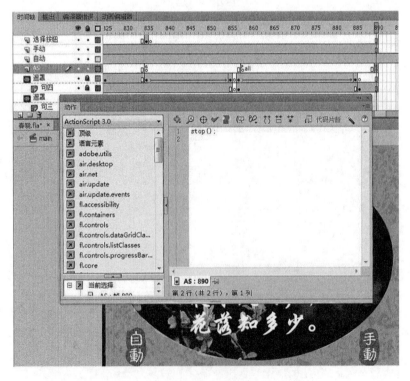

图 9-73　全诗结束

9.3.3　相关知识

本案例的相关知识有：

（1）制作多场景动画。

（2）制作实例渐显的传统补间动画。

（3）使用遮罩功能制作内容渐显动画。

（4）使用"属性"面板添加帧标签。

（5）使用遮罩功能制作诗文的渐显动画。

（6）使用"动作"面板编写脚本。

小　　结

本章详细介绍了 Flash 广告、Flash 片头动画和教学课件的制作过程。在制作过程中复习了 Flash CS6 的各种操作，如图形的绘制、色彩的应用、对象的调整、元件的调用、动画的设置、脚本的编写等。

实 战 演 练

（1）参考"智慧校园改版展开广告"制作一个手机促销广告。

（2）参考"锦绣世家网站片头动画"制作一个旅游网站片头动画。

（3）参考《春晓》教学课件制作其他教学课件动画。

参 考 文 献

［1］陶雪琴，蒋腾旭，章立．中文 Flash CS4 案例教程［M］．北京：中国铁道出版社，2009.

［2］张勃，周虹，王彦民，等．中文 Flash 基础与实例教程［M］．北京：研究出版社，2008.

［3］博雅文化．零起点飞学 Flash CS6 动画制作［M］．北京：清华大学出版社，2014.

［4］张豪，祝文庆，倪宝童．Flash CS6 中文版从新手到高手［M］．北京：清华大学出版社，2015.

［5］孙良营．巧学巧用 Dreamweaver CS6、Flash CS6、Fireworks CS6 网站制作［M］．北京：人民邮电出版社，2013.

［6］邓文达，谢丰，郑云鹏．Flash CS6 动画设计与特效制作 220 例［M］．北京：清华大学出版社，2014.

［7］朱荣，陈保，张杰．Flash CS6 动画制作实例教程［M］．北京：中国铁道出版社，2017.

［8］龚花兰．Flash CS6 项目驱动"教学做"案例教程［M］．上海：复旦大学出版社，2014.

［9］胡仁喜．Flash CS6 中文版标准实例教程［M］．北京：机械工业出版社，2012.

［10］薛欣．Adobe Flash Professional CS6 标准培训教材［M］．北京：人民邮电出版社，2013.

［11］严严．Flash CS6 中文版完全学习手册［M］．北京：人民邮电出版社，2013.

［12］胡仁喜，杨雪静．Flash CS6 中文版入门与提高实例教程［M］．北京：机械工业出版社，2013.

［13］新视角文化行．Flash CS6 动画制作实战从入门到精通［M］．北京：人民邮电出版社，2013.

［14］文杰书院．Flash CS6 中文版动画设计与制作［M］．北京：清华大学出版社，2014.